国家级示范院校应用型规划教材

钢筋混凝土框架结构设计

主　编　金海波

副主编　邹晓琴　陈　强

天津大学出版社
TIANJIN UNIVERSITY PRESS

内 容 提 要

本书主要包括钢筋混凝土框架结构设计理论和设计实例两部分。钢筋混凝土框架结构设计理论部分包括框架结构设计理论和基础设计理论等。钢筋混凝土框架结构设计实例为某高层办公楼设计。

本书可供高职高专院校土木工程专业、房屋建筑工程专业学生使用,也可供相关专业从业人员参考使用。

图书在版编目(CIP)数据

钢筋混凝土框架结构设计/金海波主编. —天津:天津大学出版社,2014.8

国家级示范院校应用型规划教材

ISBN 978-7-5618-5165-4

Ⅰ.①钢… Ⅱ.①金… Ⅲ.①钢筋混凝土框架 – 结构设计 – 高等学校 – 教材 Ⅳ.①TU375.4

中国版本图书馆 CIP 数据核字(2014)第 198262 号

出版发行	天津大学出版社
出 版 人	杨欢
地 址	天津市卫津路 92 号天津大学内(邮编:300072)
电 话	发行部:022-27403647
网 址	publish.tju.edu.cn
印 刷	天津市蓟县宏图印务有限公司
经 销	全国各地新华书店
开 本	185mm×260mm
印 张	11.25
字 数	281 千
版 次	2014 年 9 月第 1 版
印 次	2014 年 9 月第 1 次
定 价	25.00 元

前　言

本书编写目的是对钢筋混凝土框架结构设计专业知识进行一次系统的总结。本书主要包括钢筋混凝土框架结构设计理论和设计实例两部分。

钢筋混凝土框架结构设计理论部分包括框架结构设计理论和基础设计理论等。框架结构设计理论主要介绍了钢筋混凝土框架结构梁柱截面尺寸确定、框架内力计算与内力组合、水平荷载作用下侧移控制;基础设计理论主要介绍了天然地基上浅基础设计、桩基础设计以及地基变形验算的相关内容。

钢筋混凝土框架结构设计实例为某高层办公楼设计。该工程的建筑面积约为5 000 m²,共7层,根据对结构使用功能要求及技术经济指标等因素的综合分析,本设计采用的结构形式为钢筋混凝土框架–剪力墙结构,基础为箱形基础。设计实例分别介绍了设计资料、结构方案的选择及布置、竖向荷载及横向荷载计算、横向荷载作用下结构内力和位移计算、竖向荷载作用下内力计算、内力调整、内力组合、截面设计、楼板设计、楼梯设计、柱下独立基础设计和剪力墙设计等的设计计算步骤和结果。

本书由湖北省荆门市建筑工程管理处金海波编写第 1~6 章,由南昌大学科学技术学院邹晓琴编写第 7~11 章,由昆明楚云交通工程设计有限公司陈强编写第 12、13 章。本书可供高等院校土木工程专业和高等专科学校、高等职业技术学院房屋建筑工程专业学生毕业设计时使用,也可供自学考试、网络教育、函授本(专)科、电大、职工大学、中专学生及工程结构设计人员等不同层次的读者参考使用。

本书在编写过程中,参考和引用了国内外同类教材和相关资料,在此向原书作者表示衷心的感谢。

由于编者水平有限,本书难免存在不足和疏漏之处,恳请各位专家、同人和广大读者批评指正。

编者

2014 年 6 月

目　录

第 1 部分　钢筋混凝土框架结构设计理论

第 2 部分　钢筋混凝土框架结构设计实例

第 1 部分

钢筋混凝土框架结构设计理论

第1章 绪论

随着我国经济高速发展,建筑设计水平也在逐年提升,建筑造型和建筑功能要求日趋多样化,这就要求建筑框架结构设计在遵循国家规范原则下以更高层次的水平来满足这些要求。

1.1 建筑框架结构设计应遵循的原则

高层建筑在我国城市建筑中所占比例正在不断增大,建筑结构方面的变化也越来越多,新时代的特征在设计中不断涌现。质量安全与时代创新理念的结合是当下高层建筑结构设计的难点和重点。高层建筑结构在设计中必须牢牢把握设计的基本原则,使结构更加合理、规范。具体来说,其设计原则包括以下几个方面。

1. 加强重要结构,减弱次要结构

在我们的印象中强柱强梁肯定会比强剪强弯要更加结实、更加安全。实际上这将会引起非常大的安全隐患。我们知道每个构件的作用不同,整个结构体系就是由众多的构件协调组合而成,并依据其重要性来区分地位轻重。结构构件共同抵抗外力的目的,就是当结构在遭遇强大的外界破坏力时,能够保住其中最重要的部件不受损坏或者至少是最后才被摧毁。因此,在建筑框架结构设计过程中,为了保证柱免遭摧毁或者至少是最后才被摧毁,这就要把梁放在相对比较薄弱的环节上,使其能够承受大部分外界破坏力,尽可能阻挡外界破坏力对柱的破坏,使损失降至最低。而如果把梁和柱都设计在主要环节上,则有可能使梁和柱遭到同样的破坏。

因此,在建筑框架结构设计中需遵循"强柱弱梁""强剪弱弯"原则。"强柱弱梁"节点的作用是在碰到罕见的大地震时,可以让梁端在外力作用下形成塑性铰,柱端不屈服,并且还可位于非弹性的状态,而节点仍然可以在弹性的状态当中。设计经验告诉我们,在建筑结构许可的情况下,应把柱的截面尺寸尽可能做得大些,让柱的线刚度与梁的线刚度的比值大于1,柱的轴压比一定要满足规范的规定。"强剪弱弯"是为了保证构件延性,防止脆性破坏,在结构部件遭遇强大的罕见地震时,可以保证脆性剪切不会失效。

2. 刚柔并济,保证结构体系平衡

建筑框架结构设计一定要遵循刚柔并济的原则。众所周知,结构刚度过大变形能力就差,而结构刚度过小就会导致变形过大而发生脆性破坏。当建筑框架结构要承受一瞬间来袭的强大破坏力时,必然导致其结构部件部分受损或者全部损坏。在面对这个问题的时候,设计人员设计时一定不能使建筑结构太刚。那么建筑框架结构是不是越软越好呢,当然不是。结构柔一些可以削弱外力,但缺点是容易变形,这样必然会导致全体倾覆。所以,在建筑框架结构的设计中,一定要控制好结构设计的刚度,既不能太刚也不宜太柔。这个问题也正是设计人员正在探索并密切关注的问题,现在的规定只是一个笼统的范围,至于谁多谁少,目前尚没有准确定论。

3. 设置多道防线,降低结构风险

层层设防能够尽可能地降低结构体系的风险,当突发状况发生的时候,所有抵抗外力的结构都在联合抵抗,同时相互支撑,这就好比一个物体从高处掉下来,如果经过一层层障碍物的阻碍,缓冲其速度,那么当这个物体落地时可能就比没有障碍物阻碍的物体或者障碍物少的受损度小很多。因此,我们不能把结构重心全部寄托在单一的构件上,在土建结构中我们知道多肢墙要比单片的墙好,而框架 – 剪力墙要比纯框架好,也知道鸟巢外形结构的设计是多道防线设计思路的最好体现。

4. 增强框架结构体系的整体性

好的建筑框架结构体系是一个整体的结构,这种结构体系中没有关节,并且能够快速有效地传递和消除外力,尽量减少破坏力度。有了这个原则,我们在设计时就要想办法把各个关节"打通",使之畅通无阻。前面我们提到的三个原则实施的基础就是一定使结构浑然一体,也就是说这个原则是前面三个原则的保障。总体来说,设计者要使原本保持平衡和静态的构件组合之后,在受到强烈的外力冲击时还能保持原来的静态,或者相对的静态,这样目的就达到了。

1.2　建筑工程设计一般流程

建筑工程设计一般分三个阶段,即方案阶段、初步设计阶段和施工图阶段。在设计过程中各专业要密切配合,以满足建筑、结构、设备等各方面的要求。其中,建筑与结构的配合尤为关键。

方案阶段在建筑方面主要是在总体规划范围内对房屋的功能分区、人流组织、房屋体型、体量、立面、总体效果等作出设计方案。在方案阶段,结构设计人员要对建筑设计提供结构方案,以求结构体系和建筑方案协调统一。在此基础上要对总体结构进行初步估算,以保证总体结构稳定、可靠、合理,总体变形控制在允许范围内。总体来说,要保证结构的可行性和合理性,至于结构的具体设计则放在后面进行。为此,首先要对结构所受的荷载作出估计,以估算结构的总承载力、地基承受的总荷载,验算总体结构的高宽比和抗倾覆能力,初步估算房屋的总体变形以及结构总体系的布置方案。

初步设计阶段是对方案的完善和深化,对结构设计来说,初步设计阶段要给出结构布置图,进行结构内力分析,初步估算各结构构件的截面尺寸。

施工图阶段主要是进行详细的结构分析、截面选择、配筋计算以及有关的构造设计,以保证结构构件有足够的承载力和刚度,考虑结构连接等细节设计以保证各结构构件间有可靠联系,使之组成可靠的结构体系,最后给出可供施工的图纸。

设计时力学方面的规则是力系(内、外力)要平衡,变形要协调。结构方面的主要规则是要选择合适的结构,将作用在结构上的荷载或作用传到基础上去,而在力的传递过程中所经过的截面上的内力或应力不能超过截面材料允许的强度或构件的承载力。结构刚度要保证结构变形控制在限定范围内。

第2章　钢筋混凝土框架结构设计

2.1　钢筋混凝土框架结构

许多多层房屋建筑物,如办公楼、住宅、商店和工业厂房采用钢筋混凝土框架结构作为主承重结构。

钢筋混凝土框架结构按施工方法分,常见的有现浇整体式、预制装配式和装配整体式等。

现浇整体式框架的框架梁、柱和楼(屋)盖均为现浇混凝土。施工时,将每层的柱和梁板同时支模、绑扎钢筋,然后一次浇灌混凝土,从基础顶面起逐层向上进行。每层楼板中的钢筋要伸入梁内锚固,梁内的纵筋伸入框架柱内锚固。这种框架的整体性强,抗震性能好,但现场施工作业量大、工期长,模板需求量大。

现浇整体式框架在用于有抗震要求的房屋时,应满足表 2-1 关于适用房屋最大高度的要求。

表 2-1　适用的房屋最大高度　　　　　　　　　　　　　　（m）

结构类型	烈度		
	7 度	8 度	9 度
框架结构	55	45	25
框架－剪力墙结构	120	100	50

预制装配式框架是框架梁、柱和楼板均为混凝土预制构件,通过现场拼装连接成整体的框架结构。它发挥了预制构件的优点,可实现工厂化生产,有利于提高施工效率。但由于我国目前运输吊装所需机械费用较高,且现场拼装焊接接头处需预埋钢连接件,用钢量大,所以这种框架的造价较高。就其工作性能而言,其整体性差、抗震能力弱,不适宜用于地震区。

装配整体式框架是框架梁、柱和楼板均为混凝土预制构件,在预制构件吊装就位后,焊接或绑扎节点区的钢筋,通过浇注振捣混凝土将框架梁、柱和楼板连成整体,形成刚性节点。这种框架兼有现浇整体式框架和预制装配式框架的优点,既有较好的结构整体性,又可采用预制构件,同时还改善了现浇整体式框架现场施工作业量大、模板需求量大和预制装配式框架拼装用钢量大的缺点;但其节点区现场混凝土浇捣施工技术较为复杂。

2.2　框架结构房屋的结构布置

2.2.1　框架结构的组成与布置

1. 框架结构的组成

框架结构一般由梁、柱通过节点连接而成,如图 2-1 所示。节点一般按刚接节点设计,有时因施工或其他原因,也可有部分节点做成铰接节点。为有利于结构受力,框架梁、柱一般宜对齐。有时因使用、工艺要求或建筑造型需要,框架结构也可能局部抽柱、局部抽梁、内收和外挑,如图 2-2 所示。

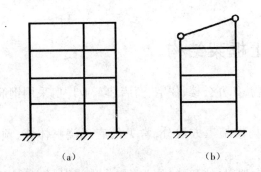

（a）　　　　　　　　　　　（b）

图 2-1　框架结构的组成

（a）刚接节点　（b）部分铰接节点

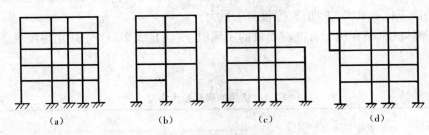

（a）　　　　　（b）　　　　　（c）　　　　　（d）

图 2-2　框架结构的调整

（a）局部抽柱　（b）局部抽梁　（c）内收　（d）外挑

2. 框架结构的布置

在一般情况下,框架结构中的柱在两个方向均有梁拉结。这就是说,梁应沿房屋纵横双向布置,因而框架结构实际上是一个空间受力体系。从理论上讲,精确的分析计算应按空间结构进行。但为分析计算简单起见,实际设计中往往忽略这种空间作用而将框架结构视为纵横双向布置的平面框架进行分析计算。沿建筑物纵向布置的平面框架称为纵向框架,沿建筑物横向布置的平面框架则称为横向框架。

建筑物所受的各种作用通过各种结构构件按其布置方式以相应的途径传到框架结构上。楼(屋)面的竖向荷载依不同的布置方式直接或间接地传递到框架上。水平作用依其不同方向分别由纵向框架和横向框架承受。一般承受较大竖向荷载的框架的梁、柱按承重梁设置,截面较大;另一方向框架的梁则按连系梁设置,截面较小。若两个方向的框架承受的竖向荷载差别不大,就应将两个方向框架的梁都按承重框架梁设置。

按楼(屋)面竖向荷载的主要传递方向的不同,框架的布置方案可分为横向框架承重、纵向框架承重和纵横向框架混合承重等几种。

1)横向框架承重(图 2-3(a))

这种方案是在横向框架布置承重梁,沿建筑物纵向布置连系梁。这时承重框架沿建筑物横向跨数较少。采用横向框架承重方案有利于提高建筑物的抗侧移刚度。建筑物纵向框架跨数较多,纵向抗侧移刚度较大,所以可仅按构造要求布置纵向连系梁。这种方案通常适用于房间开间较小的旅馆、办公楼等建筑物,纵向连系梁截面较小也有利于室内的采光与通风。

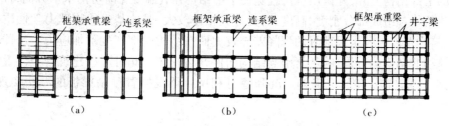

图2-3 框架的布置方案

(a)横向框架承重 (b)纵向框架承重 (c)纵横向框架混合承重

2)纵向框架承重(图2-3(b))

这种方案是在纵向框架布置承重梁,沿建筑物横向布置连系梁。这种方案适用于建筑物要求室内空间较大或要求空间布置灵活的情况,如多层厂房等建筑物。这时因沿横向布置的连系梁截面高度较小,可获得较大的室内净高,也有利于设备管线的穿行。纵向框架承重方案的缺点是建筑物横向抗侧移刚度较小。若采用装配式楼(屋)盖时,建筑物进深还要受到预制构件长度的限制。

3)纵横向框架混合承重(图2-3(c))

当在纵横两个方向框架都布置承重梁时,就构成了纵横向框架混合承重方案。这种方案常在楼面荷载较大,或楼面孔洞较大时采用。当柱网布置为正方形或接近正方形时也常这样布置。纵横向框架混合承重方案有较好的整体工作性能。对于现浇楼(屋)盖为双向板的框架承重方案实际上就是纵横向框架混合承重。

2.2.2 柱网尺寸

柱网布置是框架结构平面布置的主要内容之一。

柱网尺寸和布置应能满足建筑平面布置的需要,适应建筑物功能要求。在办公楼、旅馆等民用建筑中,柱网布置应与分隔墙体的布置相协调。为此常将柱设在纵横隔墙的交叉点处。在工业厂房中柱网布置应满足生产工艺的要求。

柱网尺寸与楼(屋)面梁的跨度和楼(屋)盖结构布置有直接关系,对结构合理受力产生影响。柱网尺寸较大时,楼(屋)面梁的跨度较大,可能导致楼(屋)面板因板跨较大而厚度增加,或者采取增加主次梁体系的次梁数量而增加施工的复杂程度。柱网尺寸的设定应使框架受力均匀,所以柱网各跨间距应相同或接近。柱网各跨间距不应太小,一般应避免小于2.4 m,否则往往因需按构造要求确定框架构件截面尺寸使材料得不到充分利用。

此外,在布置柱网时还应考虑到施工方便,以缩短工期和降低造价。从技术合理和经济性要求考虑,梁的跨度一般在6~9 m为宜。

2.2.3 变形缝的设置

变形缝有伸缩缝、沉降缝和防震缝三种。

在建筑物平面尺寸很大的情况下,当气温发生变化时,在结构内部产生的温度应力会将墙面、屋面拉裂,造成非结构构件的损坏,甚至可能引起结构构件开裂损坏,影响建筑物正常使用或结构的正常工作。为减少这种温度应力的影响,可在一般建筑物中设置温度伸缩缝,将平面尺寸很大的结构分成若干温度区段。伸缩缝应从基础顶面开始,将伸缩缝两侧的温度区段的上部结构分开,并留出一定缝宽使上部结构在气温变化时可沿水平方向自由变形。

当建筑物各组成部分刚度、高度、所受荷载相差较大,或地基土的物理力学性质相差较大时,建筑物可能因各组成部分的沉降差异较大而在结构内部产生附加应力。这种应力也会使建筑物非结构构件损坏,甚至引起结构构件开裂损坏。此时可在建筑物中设置将结构从基础到屋顶全部分开的沉降缝。沉降缝可利用挑梁或搁置预制梁板的办法实现,如图2-4所示。

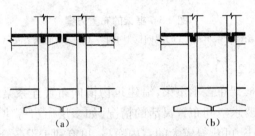

图 2-4　沉降缝

(a)利用挑梁　(b)搁置预制梁板

对于多层建筑物,应尽量少设或不设变形缝,以简化构造、方便施工、降低造价。

在建筑设计时,应采取合理调整平面形状、尺寸和体型等措施;在结构设计时,应采取配置构造钢筋,改进和加强节点连接与构造,增加结构的整体性等措施;在施工时,应采取分阶段施工、设置后浇带、做好保温隔热层等措施,来防止因气温变化、不均匀沉降或地震作用所引起的结构或非结构构件可能的损坏。

当建筑物平面较长、形状复杂或各组成部分刚度、高度、所受荷载相差悬殊以至上述措施都难以解决时,才有必要设置变形缝。

伸缩缝的设置主要与结构的平面尺度有关。《混凝土结构设计规范》(GB 50010—2010)规定,室内或土中的钢筋混凝土结构伸缩缝的最大间距,对现浇框架结构为50 m,对装配式框架结构为70 m。若屋顶无保温或隔热措施,上述数值分别应取30 m和50 m。此外,位于气候干燥地区、夏季炎热且暴雨频繁地区或经常处于高温作用下的结构,应按照使用经验适当减小伸缩缝间距。

伸缩缝和沉降缝的宽度一般不宜小于50 mm。

在非地震区的沉降缝可兼作伸缩缝。在地震区设置的伸缩缝或沉降缝,应符合防震缝的要求。关于防震缝的设置和要求见《建筑抗震设计规范》(GB 50011—2010)。

2.3　框架结构梁、柱截面尺寸的确定

2.3.1　梁、柱截面的选择

框架结构是高次超静定的空间结构体系。结构杆件受力情况与其截面形状和尺寸直接相关,但杆件截面是结构设计计算的一个主要目标。因此在框架结构的设计计算中,无论采用何种分析计算方法,往往需事先初选设定梁、柱构件的截面形状和尺寸,以便进行结构受

力分析。若设计计算结果表明，初选的梁、柱构件的截面形状和尺寸不能同时满足承载力的正常使用的要求，便需对该截面形状和尺寸进行修正后，再进行分析计算，直至同时满足承载力和正常使用的要求为止。必要时还应对设计结果进行优化。这是一个需要反复进行的过程。对电算分析，这一过程可能并不显得特别费力；若进行手算，工作量一般很大。

实际工程设计中，在分析计算前，框架结构梁、柱构件的截面形状一般根据构件的受力特点、建筑要求和施工方法选定，截面尺寸先按设计经验和构造要求初选。这样可使需反复进行的分析计算的工作量大大减少，很多情况下可一次选定截面尺寸，通过计算验证所选尺寸是否满足要求。

1. 截面形状

框架梁是受弯构件，截面形状一般为矩形。当楼盖为现浇时，与框架梁整体现浇相连部分的楼板实际上是作为框架梁的翼缘与框架梁共同工作的。这样的框架梁截面就是 T 形（图 2-5(a)）或 Γ 形截面（图 2-5(b)）。当楼盖为混凝土预制板时，为减小框架梁的结构高度，增加建筑物室内净空，框架梁截面常为十字形（图 2-5(c)）或花篮形（图 2-5(d)）。框架梁也可采用叠合梁的做法。在铺设预制板前，框架梁一般为 T 形截面，预制板安装就位后，再现浇部分混凝土。后浇混凝土与预制板共同工作，既保证了梁的承载力，又提高了结构的整体性。

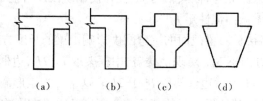

图 2-5 框架梁截面形状

(a)T形 (b)Γ形 (c)十字形 (d)花篮形

框架柱一般为偏心受压构件，截面形状常为矩形或正方形。矩形的长边方向为较大弯矩的方向。有时因建筑要求，也可做成圆形、八角形或其他形状。

2. 截面尺寸初选

框架梁截面按受弯构件关于截面尺寸的构造要求初选。由于框架梁一般需承受楼面传来的荷载以及水平方向的作用，所以框架梁的截面高度 h 一般较大，常用范围为 $h = (1/12 \sim 1/8)l$，l 为梁的跨度。对于承重框架梁，可取 $h \geq (1/10)l$。但是，当梁的跨度较小、梁高较大时，剪力的影响较大。为了不使在受弯破坏之前发生脆性的剪切破坏，框架梁应避免设计成"深梁"，梁高不宜大于净跨的 4 倍。为避免会交于节点的纵、横梁所配钢筋相互冲突，纵、横梁的截面高度应相差至少 50 mm。梁宽 $b = (1/3 \sim 1/2)h$，且不宜小于 200 mm；从梁的侧向稳定的角度出发，b 不宜小于 $(1/4)h$。

框架柱截面的边长按 $1/20 \sim 1/15$ 层高初选。框架柱截面的长边尺寸不宜小于 400 mm；短边尺寸不宜小于 350 mm，且宜比所相连的梁的宽度大至少 50 mm，以避免与梁所配钢筋在节点部位冲突。同时按下列方法估算截面。

(1)以承受轴力为主的框架柱，按轴心受压构件验算，并将轴向力扩大 20% ~ 40%，以考虑弯矩的影响。

(2)当风荷载影响较大时，由风荷载引起的弯矩 M 可粗略地按下式估算：

$$M = \frac{H}{2m} \sum P \tag{2-1}$$

式中　$\sum P$——风荷载设计值的总和；

　　　　m——同一层中的柱数；

　　　　H——柱高（层高）。

然后将 M 与 $1.2N$（N 为轴向力设计值）一起作用，按偏心受压构件验算。

（3）为了尽量减少构件类型，方便施工，多层框架结构的各层梁柱截面尺寸一般不变，仅改变混凝土强度等级，必要时可改变柱截面尺寸，但一般不多于两次。

（4）梁、柱截面尺寸初选时还应满足其他构造要求，需进行抗震设计的框架结构梁柱截面尺寸初选时还应满足有关抗震构造要求。

3. 框架梁的抗弯刚度

由于现浇楼盖和装配整体式楼盖的楼板在框架结构中是参与了框架工作的，这种楼板与框架梁的整体性对梁截面抗弯刚度的影响在设计中应该加以考虑。

在框架梁两端节点附近，梁内一般存在负弯矩。楼板受拉对梁的截面抗弯刚度影响很小；而在框架梁跨中，梁内一般存在正弯矩，楼板处在梁的受压区形成 T 形截面，楼板对梁截面的抗弯刚度影响较大。此外，框架结构梁、柱在使用阶段还可能带裂缝工作。因而在设计计算中准确确定框架梁截面惯性矩 I 并非易事。

为了简化计算，忽略楼板对梁截面的抗弯刚度影响沿梁的长度方向的变化，并假定梁截面惯性矩 I 沿梁的长度方向不变。对现浇楼盖，中框架取 $I = 2I_0$，边框架取 $I = 1.5I_0$；对装配整体式楼盖，中框架取 $I = 1.5I_0$，边框架取 $I = 1.2I_0$。这里 I_0 为矩形截面梁的惯性矩。

至于装配式楼盖，由于其楼板对梁的截面抗弯刚度几乎没有影响，框架梁截面惯性矩按实际截面计算。

2.3.2　框架结构的计算简图

1. 计算单元的确定

前面已经指出，实际设计中往往将框架结构视为纵横双向布置的平面框架进行结构分析计算。这实际上是忽略了各横向框架或各纵向框架之间的空间联系，忽略了构件的抗扭作用。其理由是在多数情况下，横向框架或纵向框架都是均匀布置的，各自的抗侧移刚度大致相同，所受竖向荷载和水平荷载也大致均匀，同时楼（屋）盖在其自身平面刚度很大，所以在荷载作用下，各横向框架或各纵向框架都将产生大致相同的变形，各横向框架或各纵向框架之间的相互影响和约束并不很大。在横向框架承重的结构方案中，可取有代表性的一榀横向框架作为计算单元进行分析计算，必要时再取纵向框架进行分析计算。对纵向框架承重的结构方案，也按同样的原则处理。对纵横向框架混合承重方案，应根据结构的特点进行分析，并对荷载作适当简化。在这样的简化假定下，计算单元的受荷范围为所取平面框架两侧各半个框架间距以内。在框架间距相等的情形下，计算单元为中框架时的受荷范围就是一个框架间距（即建筑物的开间）。

2. 节点和支座的简化

对于空间结构，节点总是三向受力的。当按平面框架进行结构分析计算时，节点也相应地考虑为框架平面内的受力。对整浇钢筋混凝土框架结构的节点（图 2-6），因梁、柱内的纵向受力钢筋均穿过节点或在节点内锚固,故一般为刚接节点。

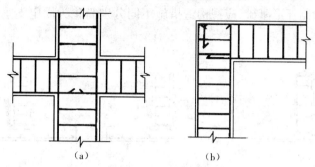

图2-6　整浇钢筋混凝土框架节点
(a)穿过节点　(b)在节点内锚固

　　装配式框架结构的节点是在梁、柱构件安装就位后,通过梁、柱连接部位的预埋钢板之间的现场焊接形成的。由于钢板在其自身平面外的刚度很小,现场焊接质量难以保证,所以不能确保结构在受力后梁柱间没有相对转动,故这种节点只能简化成铰接节点(图2-7(a))或半铰接节点(图2-7(b))。

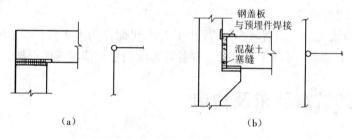

图2-7　装配式框架结构节点
(a)铰接节点　(b)半铰接节点

　　对装配整体式框架结构的节点,因梁、柱内的纵向受力钢筋相互在节点处焊接(图2-8)或搭接后再现场浇灌部分混凝土,这样的节点可有效地传递弯矩,因此可认为是刚接节点。但这种刚接节点是在施工过程中形成的,在刚接节点形成前,尚不能传递弯矩,应按铰接节点进行验算。

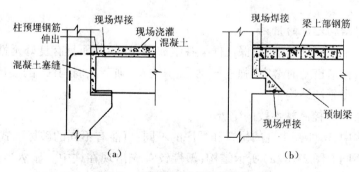

图2-8　装配整体式框架结构节点
(a)焊接　(b)搭接

框架结构的支座按其受力特性进行简化。对现浇钢筋混凝土柱基,可简化为固定支座(图2-9(a))。对预制杯形基础,应视构造措施不同分别简化为固定支座(图2-9(b))或铰支座(图2-9(c))。

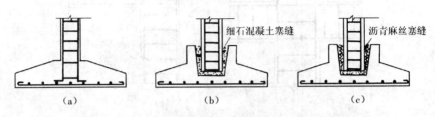

图2-9 框架结构的支座

(a)现浇钢筋混凝土柱基 (b)细石混凝土塞缝 (c)沥青麻丝塞缝

3. 跨度和层高

在结构计算简图中,杆件用其轴线来表示。框架梁的跨度取柱轴间距。当上下层柱截面尺寸有变化时,一般以最小截面的形心为准。框架柱长即层高,对上层柱取建筑层高;对底层柱,当楼板预制时取基础顶面至二层楼板底面之间的距离,当楼板现浇时取基础顶面至二层楼板顶面之间的距离。

计算时,当横梁为倾斜设置时,若坡度小于1/8,可简化为水平杆件;当不等跨框架各跨跨度相差不大于10%时,可简化为跨度为原各跨跨度的平均值的等跨框架。

2.4 框架的抗震要求及构造

2.4.1 框架结构的延性

钢筋混凝土结构的设计,除满足承载能力和正常使用两个极限状态的要求外,还应使结构具有必要的塑性变形能力,就是说应具有一定的延性。对结构提出延性要求的目的是为了防止结构发生脆性破坏,并使钢筋混凝土超静定结构按塑性方法设计得以实现,同时也是结构抗震的需要。在地震作用下,延性结构通过结构进入塑性状态后的变形,有效地吸收和耗散了地震的能量,并降低了结构刚度,使结构在地震作用下的反应减小,从而具有较高的抗震能力。

1. 提高框架结构延性的措施

为了提高框架结构的延性,应保证框架各组成梁、柱的截面具有良好延性,同时必须在设计计算和采取构造措施时遵守"强柱弱梁,强剪弱弯,强节点弱构件"的设计原则,使整个框架结构成为一个延性结构。

1)强柱弱梁——控制塑性铰的位置

在框架结构中,塑性铰出现的位置和顺序的不同,可能有不同的破坏形式(图2-10),所造成的后果也不同。图2-10(a)所示结构,塑性铰首先出现在柱中。显然当某层柱的上下端均出现塑性铰时,该层即成为几何可变体系而引起上部结构倒塌。结构破坏时,除该薄弱层外的结构其他部分的承载能力并未得到充分发挥。图2-10(b)所示结构,塑性铰首先出现在梁中。当某些甚至全部梁端均出现塑性铰时,结构仍能继续工作,承受外荷载。结构在破坏前可能出现很多塑性铰,耗散较多的能量。另外,受弯构件梁的延性性能比以受压为主的柱要好得多。因此结构设计应使柱的承载能力相对较大,梁的承载能力相对较小,塑性铰首先出现在梁端。这可使结构在破坏前有较大的变形,吸收较多的能量,抗震性能较好。

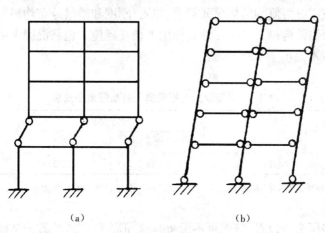

图 2-10　塑性铰出现位置

(a)柱　(b)梁

2)强剪弱弯——控制构件的破坏形态

钢筋混凝土构件的受剪工作,破坏形态呈脆性,而受弯工作时截面的延性较好。所以在设计中应使构件的斜截面受剪承载能力高于正截面受弯承载能力,使构件发生延性较好的弯曲破坏,避免首先发生脆性的剪切破坏。

3)强节点弱构件——保证节点部位的承载能力

框架结构设计通常是将梁、柱的杆端截面作为控制截面,而将梁、柱相交的节点视为理想刚接节点。应当认识到节点部位的实际受力是十分复杂的。设计时应保证节点部位的承载能力,避免节点在梁、柱构件的承载能力得到充分发挥之前发生破坏。

2. 钢筋混凝土结构的抗震等级

对钢筋混凝土结构抗震性能的要求根据抗震设防烈度、结构类型、房屋高度不同而不同。当建筑物建于抗震设防烈度较高的地区、结构类型抗震性能较差或建筑物较高时,应通过适当的设计计算和采取适当的构造措施,使结构及构件具有较好的延性和较强的抗震能力。按对结构抗震性能要求的不同,《建筑抗震设计规范》(GB 50011—2010)将钢筋混凝土结构分成四个抗震等级,一级要求最高,四级最低。对于现浇钢筋混凝土框架结构,抗震等级见表 2-2。

表 2-2　现浇钢筋混凝土框架结构的抗震等级

抗震设防烈度	6 度		7 度		8 度		9 度
房屋高度/m	≤24	>24	≤24	>24	≤24	>24	≤24
抗震等级	四	三	三	二	二	一	一

注:表中房屋高度为室外地面至檐口的高度。

2.4.2 防震缝的设置

当建筑物平面复杂、不对称或各部分高度、刚度、质量相差悬殊时,在地震作用下容易在结构的薄弱部位产生破坏。这时可设置防震缝,将结构划分成若干个独立的抗震单元。防震缝的设置应使防震缝两侧的结构单元简单、规则,刚度和质量分布均匀。防震缝的宽度应足以避免防震缝两侧结构单元之间在地震作用下相互碰撞。钢筋混凝土房屋防震缝的最小宽度见表 2-3,同时不得小于 100 mm。

表 2-3　钢筋混凝土框架房屋防震缝最小宽度　(mm)

结构类型	设防烈度			
	6 度	7 度	8 度	9 度
框架	$4H+40$	$5H+25$	$(20/3)H$	$10H-50$

注:表中 H 为相邻结构单元中较低的屋面高度,以 m 计的数值带入公式计算,所得结果为 mm。当 $H<15$ m 时,取 $H=15$ m。

防震缝应沿房屋全高设置,基础可不设防震缝,但在防震缝位置的基础构造和连接应予加强。

防震缝的设置,特别是当所设防震缝要求宽度较大时会给建筑设计、构造处理和施工带来困难。《建筑抗震设计规范》(GB 50011—2010)规定,为简化构造、方便施工、降低造价,应尽量少设或不设防震缝,而在建筑设计时通过合理调整平面形状、尺寸和体型,在结构设计时通过加强结构薄弱部位的连接与构造等措施来防止因地震作用所引起的结构或非结构构件可能的损坏。

2.4.3 构造要求

钢筋混凝土结构的设计,通过计算使若干主要控制截面的承载力和荷载作用下的变形不超过极限状态。由于实际荷载、作用和实际结构的复杂性以及钢筋混凝土材料本身的特点,各种分析和设计方法总是作了许多简化,忽略了一些次要因素。所以在通过分析计算使所设计的结构满足主要控制截面的承载力和正常使用极限状态要求的同时,还必须满足一定的构造要求,以考虑在分析计算中简化忽略了的因素的影响。此外,从施工角度考虑,也需要满足一些构造要求。

钢筋混凝土结构尤其是钢筋混凝土框架结构的设计往往需事先初选设定梁、柱构件的截面形状和尺寸,作为分析计算的初始值。初选截面有可能成为最后设计结果,因此有必要在截面初选时就考虑满足构造要求。

当有抗震要求时,采取必要的构造措施,以保证结构的良好延性,从而获得必要的抗震性能是结构抗震设计的重要内容。

由于《混凝土结构设计规范》(GB 50010—2010)及其他相关书籍已对钢筋混凝土框架结构的构造要求作了详细介绍,本书不再赘述。

2.5 框架静力计算

框架结构是空间受力结构体系。在工程设计中,往往将其简化为平面结构进行分析计算。多层多跨的平面框架都是高次超静定结构,其分析方法常采用结构力学中的近似方法,如弯矩分配法、迭代法、无剪力分配法等,也可运用基于结构力学原理编制的结构分析软件进行计算。

2.5.1　框架静力计算时考虑的荷载作用

框架静力计算时考虑的荷载,有属于恒荷载的结构构件、构造层的自重和永久性设备自重等,有属于活荷载的楼(屋)面活荷载、雪荷载、风荷载以及地震作用等。结构和建筑物非结构构件的自重、楼(屋)面活荷载、雪荷载是竖向作用的,一般为分布荷载或集中荷载;风荷载和水平地震作用是水平方向作用的,常简化为作用于框架节点的集中荷载。

作用于多层住宅、旅馆、办公楼、医院病房等建筑物上的楼面活荷载,在所有的楼面上同时满载的可能性很小,所以在结构设计时可考虑折减。对于墙、柱、基础,楼面活荷载折减系数根据计算截面以上楼层数按表 2-4 取用。

表 2-4　楼面活荷载按楼层数的折减系数

墙、柱、基础计算截面以上楼层数	1	2 ~ 3	4 ~ 5	6 ~ 8	9 ~ 20	>20
计算截面以上各楼层活荷载折减系数	1.00	0.85	0.70	0.65	0.60	0.55

对于楼面梁,当其从属面积(即其负荷面积)大于 25 m^2 时,或当活荷载标准值 ≥2.0 kN/m^2 且其从属面积大于 50 m^2 时,楼面活荷载折减系数取 0.9。

其他荷载的标准值均按《建筑结构荷载规范》(GB 50009—2012)取用。

高度不超过 40 m 的多层框架结构,若其质量和刚度沿高度分布比较均匀时,可采用《建筑抗震设计规范》(GB 50011—2010)中的底部剪力法计算水平地震作用。

2.5.2　竖向荷载作用下框架内力的近似计算——分层法、二次弯矩分配法

结构分析的近似方法一般是以忽略一些相对次要的影响因素为前提,计算结果与精确分析有一定误差,而且不同计算方法的计算结果也有一定差别,但一般均能满足工程设计所要求的精度。在实际设计工作中,现在已广泛采用计算机进行结构分析。但对结构布置方案进行比较时,有时还是需要用一些简单的近似方法进行估算。另外,PKPM 软件计算结果有时也需手算进行校验。

1. 分层法

分层法是计算竖向荷载作用下框架内力常用的近似方法。

在竖向荷载的作用下,多层多跨框架的侧移不大,从而对内力影响较小。所以有理由将多层多跨框架结构视为无侧移框架结构。此外,对于多层多跨框架,某一层所作用的外荷载只在本层梁和与本层梁相连的上、下层柱中产生较大内力,其他各层梁柱的内力很小。这一特点在梁的线刚度大于柱的线刚度时尤为明显。分层法计算考虑了这些因素,计算时作如下假定以简化计算:

(1)在竖向荷载作用下,多层多跨框架的侧移忽略不计;

(2)每层梁上的荷载对其他各层梁、柱的影响忽略不计。

根据上述假定和叠加原理,可将由各层梁及其上、下柱所形成的开口刚架(图 2-15)作

为计算单元计算该层竖向荷载单独作用时的内力,在竖向荷载作用下多层多跨框架的内力视为所有这种开口刚架内力的叠加结果,这就是分层法。显然,分层法计算的各层框架梁的最后内力就是该层开口刚架梁在该荷载下的内力,由于每一框架柱分属上下两个计算单元,因此框架柱最后内力是上下两层开口刚架柱内力之和。

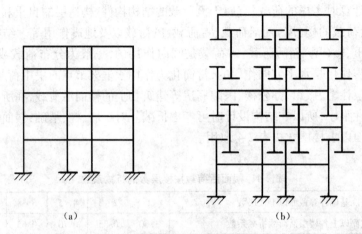

图 2-15　分层法
(a)框架　(b)开口刚架

这种作为独立计算单元的开口刚架,上下两柱的远端均按固定支承考虑,这与实际情况有一定差别。除了底层柱的下端外,其他各层柱端均有转角产生,即相邻的开口刚架对本层开口刚架柱端的约束作用实际上是弹性支承,不是固定支承。为了减少计算误差,除底层柱外其他各柱的线刚度均乘以 0.9 的折减系数,并相应地取传递系数为 1/3,底层柱仍为 1/2。

分层法适用于计算节点梁、柱线刚度比 $\dfrac{\sum i_{\mathrm{b}}}{\sum i_{\mathrm{c}}} \geq 3$,同时结构沿高度比较均匀的多层框架结构。

因为分层法计算单元与实际结构的差异,由分层法计算所得的框架梁、柱内力在节点处不平衡。这种计算误差在分层法适用范围内一般可满足工程设计的要求。若欲提高精度,可对节点(特别是误差较大的边节点)的不平衡力矩再进行一次弯矩分配作为修正。

分层法计算竖向荷载作用下的框架内力的步骤如下:

(1)确定框架的计算简图;

(2)计算梁、柱的线刚度或相对线刚度,并将除底层柱以外的各层柱的线刚度或相对线刚度乘以 0.9,再计算各节点的弯矩分配系数;

(3)计算竖向荷载作用下各梁的固端弯矩;

(4)从顶层开始,用弯矩分配法分层计算各计算单元(即由各层梁及其上下柱所组成的开口刚架)的杆端弯矩;

(5)叠加有关杆端弯矩,得出最后弯矩图;(若节点弯矩不平衡值较大,可在该节点重新分配一次,但不进行传递)

(6)按静力平衡条件求出框架的剪力图和轴力图。

2. 二次弯矩分配法

二次弯矩分配法是对计算竖向荷载作用下的框架内力的弯矩分配法的一种简化。

当用弯矩分配法分析无侧移多层框架的内力时,任一节点的不平衡力矩对整个框架结构的所有杆件的影响均要逐一计算,计算工作量相当大。实际上某一节点的不平衡力矩虽对所有的杆件均有影响,但对相邻节点的影响较大,而对其他节点影响较小。这样,可以将弯矩分配法的计算作如下简化。

对某一节点的不平衡力矩,只考虑其对相邻节点的影响。在对某一节点的不平衡力矩作第一次分配后,就只传递至相邻节点,再对相邻节点的不平衡力矩作一次分配后即结束计算。计算步骤可简记为"二次分配,一次传递",二次弯矩分配法由此得名。

二次弯矩分配法计算竖向荷载作用下的框架内力的步骤如下:

(1)确定框架的计算简图;

(2)计算梁、柱的线刚度或相对线刚度,计算各节点的弯矩分配系数;

(3)计算竖向荷载作用下各梁的固端弯矩;

(4)计算各节点的不平衡力矩,并对全部节点同时进行第一次分配;

(5)将所有梁、柱杆端分配得到的弯矩同时向杆件远端传递;

(6)将各节点因传递弯矩而产生的新的不平衡弯矩同时进行第二次分配;

(7)叠加各杆端的固端弯矩、分配弯矩和传递弯矩,得出各杆端最后弯矩图;

(8)按静力平衡条件求出框架的剪力图和轴力图。

2.5.3　水平荷载作用下框架内力的近似计算——反弯点法和 D 值法

水平荷载,如风荷载等,常按作用于框架节点的水平集中力处理。因此,框架各杆件的弯矩图均为直线形,每个杆件均有一个弯矩为零的点,即反弯点。这就提供了一个求解框架内力的思路:如果能求出框架各柱反弯点位置和反弯点处的剪力,则框架内力图就很容易得到。

1. 反弯点法

反弯点法适用于各层结构比较均匀(层高变化不大、梁的线刚度变化不大)、节点梁和柱线刚度比 $\dfrac{\sum i_{\mathrm{b}}}{\sum i_{\mathrm{c}}} \geqslant 3$ 的多层框架结构。

1)基本假定

(1)在求各柱剪力时,假定各柱上下端均不发生角位移,即视梁、柱线刚度比为无限大。

(2)在确定各柱的反弯点位置时,除底层柱外的其他各层柱,受力后上下两端转角相等。

2)柱的反弯点高度 y

反弯点高度 y 指反弯点至该层柱下端的距离。

对上层各柱,根据各柱受力后上下两端转角相等的假定(2),可得柱上下端的弯矩相等,因而反弯点在柱高的一半处,即 $y = h/2$;对底层柱,当柱脚固定时柱下端转角为零,上端弯矩比下端弯矩小,反弯点应从柱高一半上移,经过分析取 $y = \dfrac{2h_1}{3}$(h_1 为底层柱高)。

3)柱的抗侧移刚度

抗侧移刚度就是柱上下两端发生单位相对位移时在柱中产生的剪力。按照假定(1),在求各柱剪力时,梁的刚度为无限大,则各柱端转角为零。由位移方程可求得第 j 层第 k 柱的抗侧移刚度为 $\dfrac{12i_{jk}}{h_j^2}$(i_{jk} 为该柱的线刚度,h_j 为该层柱高)。

4)同层各柱的剪力

由假定(1),可求出某层总剪力在该层各柱之间的分配。设 n 层框架结构每层有 m 个柱子(图 2-16(a)),将框架沿第 j 层各柱的反弯点处切开(图 2-16(b)),则根据水平方向力的平衡条件有

$$V_{Fj} = V_{j1} + \cdots + V_{jk} + \cdots + V_{jm} = \sum_{k=1}^{m} V_{jk} \tag{2-2}$$

式中　V_{Fj}——外荷载 F 在第 j 层所产生的层总剪力,等于第 j 层及其以上各层节点所作用的水平荷载之和;

　　　V_{jk}——第 j 层第 k 柱所承受的剪力;

　　　m——第 j 层内柱子数。

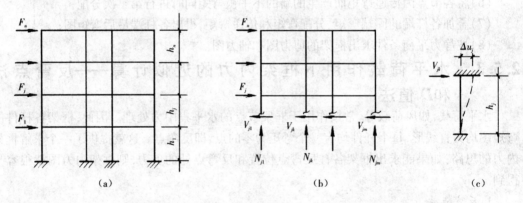

图 2-16　反弯点法

(a)计算简图　(b)第 j 层柱受力分析图　(c)柱侧移图

若忽略轴向变形,根据假定(1),受侧向荷载的框架在同一层内的各柱将产生相等的侧向位移。从而由结构力学知,第 j 层各柱内的剪力

$$V_{jk} = \frac{12i_{jk}}{h_j^2} \Delta u_j \tag{2-3}$$

式中　i_{jk}——第 j 层第 k 柱的线刚度;

　　　h_j——第 j 层柱的高度;

　　　Δu_j——框架第 j 层的层间侧向位移。

从式(2-2)可得

$$\Delta u_j = \frac{V_{Fj}}{\sum\limits_{k=1}^{m} \dfrac{12i_{jk}}{h_j^2}} \tag{2-4}$$

将式(2-4)代入式(2-3),可求出各柱内的剪力

$$V_{jk} = \frac{i_{jk}}{\sum\limits_{k=1}^{m} i_{jk}} V_{Fj} \tag{2-5}$$

于是可求出各柱杆端弯矩。对于底层柱,

$$M_{c1k}^{t} = V_{1k} \frac{h_1}{3} \tag{2-6a}$$

$$M_{c1k}^{b} = V_{1k} \frac{2h_1}{3} \tag{2-6b}$$

对于其他各层柱,

$$M_{cjk}^{t} = M_{cjk}^{b} = V_{jk} \frac{h_j}{2} \tag{2-7}$$

上面各式中的上标 t 和 b 分别表示柱的顶端和底端。

梁端弯矩可由节点平衡条件求得

$$M_{b}^{l} = \frac{i_{b}^{l}}{i_{b}^{l} + i_{b}^{r}} (M_{c}^{u} + M_{c}^{d}) \tag{2-8a}$$

$$M_{b}^{r} = \frac{i_{b}^{r}}{i_{b}^{l} + i_{b}^{r}} (M_{c}^{u} + M_{c}^{d}) \tag{2-8b}$$

式中的上标 u、d、l 和 r 分别表示节点的上侧、下侧、左侧和右侧,下标 c 和 b 分别表示柱端和梁端。如 M_{b}^{l} 表示节点的左侧的梁端弯矩。

求出杆端弯矩后,就可得到各杆件的其他内力。

2. D 值法

反弯点法的假定(1)假定了节点梁、柱线刚度比为无限大,这就是反弯点法适用梁、柱线刚度比 $\dfrac{\sum i_b}{\sum i_c} \geqslant 3$ 的多层框架结构的理由。假定(2)给出了确定反弯点高度的条件为假定除底层柱外的其他各层柱受力后上下两端转角相等。但实际上反弯点高度与柱的线刚度、上下层梁的线刚度、上下层层高和柱的所在层数都有关系,也与各层荷载变化相关。在进行层数较多的多层框架结构或抗震设计时,可能出现梁、柱线刚度比不满足 $\dfrac{\sum i_b}{\sum i_c} \geqslant 3$ 这一条件的情况,此时柱的抗侧移刚度用 $\dfrac{12i_{jk}}{h_j^2}$ 表示就有较大误差,因而考虑梁、柱线刚度和层高影响因素的抗侧移刚度用 D 表示,经过修正的反弯点法称为"改进反弯点法"或"D 值法"。

1)修正后柱的抗侧移刚度 D

当考虑柱的上下端节点的弹性约束时,应对抗侧移刚度作如下的修正,并表示为

$$D_{jk} = \alpha \frac{12i_{jk}}{h_j^2} \tag{2-9}$$

式中 D_{jk}——修正后的第 j 层第 k 柱的抗侧移刚度;

α——考虑上下端节点的弹性约束的修正系数,$\alpha < 1$。

根据柱所在位置和支承条件,并按柱上下端转角相等、与该柱相连的各梁和柱远端转角相等、与该柱相连的上下柱的线刚度相等、与该柱所在层相邻的上下层层间相对位移相等的

假定,可由转角位移方程导出 α 的表达式,见表 2-5。

表 2-5　由转角位移方程导出的 α 表达式

楼层		简图	K	α
一般层		$i_1 \quad i_2$ i_c $i_3 \quad i_4$	$K = \dfrac{i_1 + i_2 + i_3 + i_4}{2i_c}$	$\alpha = \dfrac{K}{2+K}$
底层	固接	$i_1 \quad i_2$ i_c	$K = \dfrac{i_1 + i_2}{2i_c}$	$\alpha = \dfrac{0.5 + K}{2 + K}$
	铰接	$i_1 \quad i_2$ i_c	$K = \dfrac{i_1 + i_2}{2i_c}$	$\alpha = \dfrac{0.5K}{1 + 2K}$

2)柱的反弯点高度 y 的修正

各层柱的反弯点高度可按下式计算:

$$y = \gamma h = (\gamma_0 + \gamma_1 + \gamma_2 + \gamma_3)h \tag{2-10}$$

式中　h——层高;

　　　γ——反弯点高度比,表示反弯点高度与柱高的比值;

　　　γ_0——标准反弯点高度比;

　　　γ_1——考虑上下横梁线刚度不同时的反弯点高度比修正值;

　　　γ_2、γ_3——考虑层高变化时的反弯点高度比修正值。

标准反弯点高度比 γ_0 主要考虑梁、柱线刚度比和楼层位置的影响。γ_0 由表 2-5 查得梁、柱相对线刚度比 K,并根据框架总层数 n、柱所在层数 j 和侧向荷载作用形式查《实用建筑结构静力计算手册》得到。$\gamma_0 h$ 为标准反弯点高度,表示各层梁线刚度相同、各层柱线刚度和层高相同的规则框架的反弯点高度。

修正值 γ_1 考虑上下横梁线刚度不同对反弯点高度比的影响。当某层柱的上下横梁线刚度不同,则该层柱的反弯点高度将向线刚度较小横梁一侧偏移。反弯点高度的上移修正量为 $\gamma_1 h$。γ_1 可根据上下横梁线刚度比 $I = \dfrac{i_1 + i_2}{i_3 + i_4}$ 或 $I = \dfrac{i_3 + i_4}{i_1 + i_2}$ 以及梁、柱相对线刚度比 K 由相关资料查得。对于底层柱,可取 $\gamma_1 = 0$。

修正值 γ_2、γ_3 要考虑柱所在层层高与相邻的上下层层高不同对反弯点高度比的影响。当相邻上层层高不同时,反弯点高度的上移修正量为 $\gamma_2 h$,当相邻下层层高不同时,反弯点高度的上移修正量为 $\gamma_3 h$。γ_2、γ_3 可根据上下横梁线刚度比 I 和梁、柱相对线刚度比 K 由相关资料查得。对于顶层柱,取 $\gamma_2 = 0$;对于底层柱,取 $\gamma_3 = 0$。

3)D 值法计算步骤

D 值法计算竖向荷载作用下的框架内力的步骤如下：

(1)确定框架的计算简图；

(2)计算梁、柱的线刚度以及上下横梁线刚度比 I、梁和柱相对线刚度比 K；

(3)查表 2-1 至表 2-4 并结合相关资料求出各层的 γ_0、γ_1、γ_2 和 γ_3，并按式(2-10)求出各柱的反弯点高度 y；

(4)查表 2-5 求出抗侧移刚度修正系数 α，代入式(2-9)求出各柱的抗侧移刚度 D_{jk}；

(5)用 D_{jk} 代替式(2-4)中的 $\dfrac{12i_{jk}}{h_j^2}$，求出各柱内的剪力 V_{jk}，则

$$\Delta u_j = \frac{V_{Fj}}{\sum\limits_{k=1}^{m} D_{jk}} \tag{2-11}$$

(6)由式(2-6a)、式(2-6b)和式(2-7)求出各柱杆端弯矩；

(7)由式(2-8a)和式(2-8b)求出各梁端弯矩；

(8)由静力平衡条件求出框架的剪力图和轴力图。

2.6 框架梁、柱承载力计算及侧移控制

2.6.1 框架梁、柱内力组合

1.控制截面

在荷载的作用下，框架梁、柱的内力一般是变化的，而梁、柱截面的配筋设计是分段进行的。框架结构梁、柱构件的设计计算，可以通过设计梁、柱构件在各种荷载作用下可能的最危险截面(内力最大的截面)来完成。通过设计，使这些截面能够承受施工期间和使用期间最不利的荷载作用，加上节点的设计和必要的构造措施，整个框架在使用期间和施工期间的安全就得到了保证。对这些截面的设计还可控制整个框架结构的延性和在特定荷载或作用下的破坏形态。这些最危险的截面控制了框架结构梁、柱构件的设计，所以被称为框架梁、柱构件的控制截面。

框架结构在各种荷载作用下，内力一般是沿各梁、柱构件的长度变化的。框架结构节点之间的构件截面尺寸一般不作改变，因此框架梁、柱的控制截面总是出现最大内力的截面。

框架梁在水平力的作用下，弯矩呈线形分布，对两个节点之间的梁，剪力为常值；在竖向荷载的作用下，弯矩呈抛物线形分布或接近抛物线形分布，剪力呈线形分布或阶梯形分布。框架梁出现最大弯矩的截面应在梁的两端和跨中附近，梁的两端也是出现最大剪力的截面。框架梁的计算控制截面一般就取两个端部截面和跨中截面。

要注意到，配筋计算截面应为位于柱边的梁截面，但框架内力分析是按计算简图中代表构件的轴线进行的，所以配筋计算所用的梁端内力应为根据内力分析所得计算简图柱轴线处的梁端内力折算成柱边截面上的内力，由图 2-17 可知

$$V' = V - (g + p)\frac{b}{2} \tag{2-12a}$$

$$M' = M - V'\frac{b}{2} \tag{2-12b}$$

式中　b——柱截面宽度;

　　　　V'、M'——梁端、柱边截面的剪力和弯矩;

　　　　V、M——内力分析所得的柱轴线处的梁端截面的剪力和弯矩;

　　　　g、p——作用在梁上的竖向分布恒荷载和活荷载。

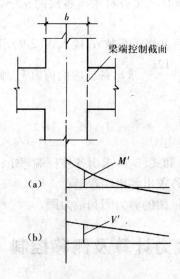

图 2-17　梁内力图

(a)弯矩图　(b)剪力图

　　严格来说,梁跨内最大弯矩截面应是剪力为零的截面,一般不是跨中截面。但对于常见的荷载和结构形式,最大弯矩截面与跨中截面相距并不太远,最大弯矩与跨中弯矩也相差很小,而取跨中截面作为控制截面使内力组合计算简化许多。如果情况不是这样,最大弯矩截面与跨中截面相距较远,最大弯矩与跨中弯矩相差很大,仍应取真正的最大弯矩截面作为控制截面。

　　由于水平方向作用力常按框架节点力处理,框架柱无论在水平力还是竖向荷载的作用下,弯矩均呈线形分布,层间柱剪力均为常值。如果不是在柱高范围内设置较大的悬臂构件(即在柱高范围内弯矩没有突变)等情形下,框架柱的最大弯矩截面应在柱的上下两端,框架柱的计算控制截面一般取上下两个端部截面;否则应将出现最大弯矩的其他截面也作为计算控制截面。此外,与梁端控制截面一样,柱上下两端的计算控制截面也应采用位于梁底(梁顶)边缘的柱截面。其配筋内力按式(2-12b)计算。

　　2. 荷载效应组合

　　结构设计时,应考虑各种荷载组合作用时最不利的情况。《工程结构可靠性设计统一标准》(GB 50153—2008)规定,按荷载效应基本组合进行承载力计算时,应从下列荷载组合中取最不利的效应设计值确定。

　　(1)由可变荷载控制的效应设计值,应按下式进行计算:

$$S = \sum_{j=1}^{m} \gamma_{G_j} S_{G_jk} + \gamma_{Q_1} \gamma_{L_1} S_{Q_1k} + \sum_{i=2}^{n} \gamma_{Q_i} \gamma_{L_i} \psi_{Q_i} S_{Q_ik} \tag{2-13}$$

式中　γ_{G_j}——第 j 个永久荷载分项系数;

γ_{Q_i}——第 i 个可变荷载分项系数；

γ_{Q_1}——主导可变荷载 Q_1 的分项系数；

γ_{L_i}——第 i 个可变荷载考虑设计使用年限的调整系数；

γ_{L_1}——主导可变荷载考虑设计使用年限的调整系数；

S_{G_jk}——按第 j 个永久荷载效应标准值 G_{jk} 计算的荷载效应值；

S_{Q_ik}——按第 i 个可变荷载效应标准值 Q_{ik} 计算的荷载效应值；

ψ_{Q_i}——按第 i 个可变荷载 Q_i 的组合值系数；

m——参与组合的永久荷载数；

n——参与组合的可变荷载数。

（2）由永久荷载控制的效应设计值，应按下式进行计算：

$$S = \sum_{j=1}^{m} \gamma_{G_j} S_{G_jk} + \sum_{i=1}^{n} \gamma_{Q_i} \gamma_{L_i} \psi_{Q_i} S_{Q_ik} \qquad (2\text{-}14)$$

对于不作抗震计算的多层框架结构，一般有三种荷载组合形式：

（1）恒荷载 + 活荷载；

（2）恒荷载 + 风荷载；

（3）恒荷载 + 0.9（活荷载 + 风荷载）。

3. 最不利内力组合

不同的荷载组合在框架结构构件的各个截面包括控制截面所产生的各种内力（如弯矩、剪力、轴力等）是不同的。在某一荷载组合下某一截面将产生一组内力，这就是内力组合。对于某一控制截面应找出其在各种荷载组合下所产生内力中的最大值，更重要的是找出各组内力组合中最不利的内力组合。某一控制截面的最不利内力组合可能有好几组。如框架梁端部截面，需要分别找出最大负弯矩和最大正弯矩所在的最不利内力组合，以确定梁端上部和下部的截面配筋。

框架结构梁的最不利内力组合如下。

（1）梁端截面：$+M_{max}$、$-M_{min}$、V_{max}。

（2）梁跨中截面：$+M_{max}$、$-M_{min}$（有必要时）。

框架结构柱的最不利内力组合可能如下。

（1）柱端截面：$|M|_{max}$ 及相应的 N、V。

（2）N_{max} 及相应的 M。

（3）N_{min} 及相应的 M。

（4）V_{max} 及相应的 N。

应注意最不利内力组合往往与最大内力相关，但不一定就是最大内力所在的组合。如框架柱端截面的与 N_{max} 相应的 $|M|$ 可能较小，但存在另一组内力组合，其 N 比 N_{max} 稍小而 $|M|$ 却相当大（比 $|M|_{max}$ 小），此时后一组内力组合可能比前一组内力组合更为不利，真正的最不利内力组合应是后者。不过对于常见的框架结构，手算时考虑上述的最不利内力组合已能满足设计要求。常用计算机结构设计分析软件一般都能全面考虑各种内力组合，配筋设计是依据真正的最不利内力组合进行的。

4. 竖向活荷载的最不利位置

作用在框架结构上的竖向活荷载的作用位置、大小是变化的。因而为了计算框架结构构件某一截面的最不利内力组合,需要考虑对于该截面的竖向活荷载最不利布置,这时有几种不同的做法。

1)分层分跨布置作内力分析后组合

将活荷载逐层逐跨单独作用在结构上,分别分析整个框架结构内力,然后对不同的截面和内力种类,按不同的荷载组合,计算出相应的最不利内力。显然,这是一种计算工作量很大,但可以确切求出最不利内力的方法。因为对于一 n 层 m 跨框架,共有 $n \times m$ 种不同的活荷载布置方式,这就是说要进行 $n \times m$ 次内力分析。求出每一种内力的 $n \times m$ 种内力图后就可求出任一截面上的最大内力。手算因计算工作量太大,一般只在层数跨数较少的框架内力分析时采用。电算则是一般分析软件常用的方法。

计算时,活荷载可不考虑其在各跨间的最不利布置方式,仍按满布处理,以简化计算。在采用分层法计算时,可只计算所在层内分跨布置的活荷载,不考虑其他各层活荷载分布的影响。

2)最不利荷载位置

对于一般的规则框架结构某一截面的内力,可采用"最不利荷载位置"原则布置活荷载。按结构力学的影响线原理,作出结构的某一截面的某一内力的影响线,就可根据影响线的形状布置出对应于这一截面这种内力的最不利荷载位置。如对多层多跨框架某跨梁求跨中截面最大正弯矩,可根据其影响线图形为正的位置布置活荷载,即在该跨布置活荷载外,其他各层各跨均相间布置活荷载(图2-18)。这就是所谓"棋盘式"的布置方式。但是,当各层各跨梁、柱线刚度不尽相同时,多层多跨框架结构往往很难作出准确的影响线。

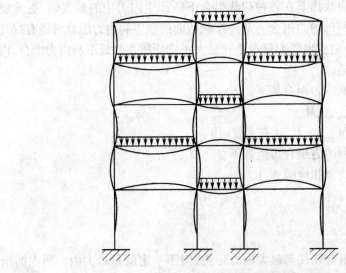

图2-18 最不利荷载位置

3)活荷载一次性布置

当活荷载较小时,或活荷载与恒荷载之比不大于1时,活荷载产生的内力较小,从而可考虑将各层各跨的活荷载作一次性布置,同时作用在框架上。用这种方法求得的内力在梁支座处与按最不利荷载位置布置活荷载求得的内力十分相近,可与恒荷载下的内力直接组合。但梁的跨中弯矩宜乘以 1.1 ~ 1.2 的增大系数。

5. 梁端弯矩调幅

在 2.4.1 节中讨论了结构的延性及框架结构延性的必要性,指出结构设计应使塑性铰首先出现在梁中。这可使结构在破坏前有较大的变形,吸收较多的能量,具有较好的抗震性能。为达到塑性铰首先出现在梁端的目的,需要考虑梁的塑性内力重分布,对梁的弯矩进行调幅,人为地减小梁端负弯矩,从而减少节点附近梁上部的配筋量。同时,减少节点附近梁上部的配筋也是施工的需要。因为对于现浇施工的整体式框架,节点处梁上部钢筋过于密集,不利于现浇施工的进行。此外,对于装配式或装配整体式框架结构,节点由于现场焊接质量不能保证或灌浆浇筑不密实,并非绝对刚性,框架结构的整体性较差,梁端的实际弯矩小于弹性分析计算的结果。

对于整体式框架,梁端负弯矩的调幅系数可取 0.8 ~ 0.9;对于装配式或装配整体式框架,可取 0.7 ~ 0.8。梁端弯矩调幅后,将引起跨中弯矩的增加。此时应按静力平衡条件求出调幅后的跨中弯矩 M_{c0}。若调幅后的梁端弯矩用 M_A 和 M_B 表示,调幅后的跨中最大正弯矩用 M_{C0} 表示,则有

$$M_{c0} \geqslant M_0 - \frac{|M_A + M_B|}{2} \tag{2-14}$$

式中　M_0——按相同跨度的简支梁计算的跨中弯矩。

此外,用于梁截面设计所采用的跨中弯矩尚不应小于 $1/2M_0$。

梁端弯矩调幅只对竖向荷载作用下的弯矩进行,水平荷载作用下弯矩不能调幅。因此,弯矩调幅应在内力组合之前进行。

2.6.2　框架梁、柱承载力计算

1. 框架梁截面配筋

框架梁属受弯构件,应按受弯构件正截面受弯承载力计算确定纵向钢筋的数量,按斜截面受剪承载力计算确定箍筋数量,并按构造要求采取相应的构造措施。

框架梁的纵向钢筋配置应满足裂缝宽度的要求。

框架梁还应满足挠度限值的要求。

2. 柱的计算长度

在进行框架柱计算时,需要确定其计算长度 l_0。对梁和柱为刚接的钢筋混凝土框架柱,计算长度按下列规定取用。

(1)一般多层房屋的钢筋混凝土框架柱。

当为现浇楼盖时,底层柱

　　　$l_0 = 1.0H$

其余各层柱

　　　$l_0 = 1.25H$

当为装配式楼盖时,底层柱

　　　$l_0 = 1.25H$

其余各层柱

　　　$l_0 = 1.5H$

(2)可按无侧移考虑的钢筋混凝土框架结构,如具有非轻质隔墙的多层房屋,当为三跨

和三跨以上或为两跨且房屋的总宽度不小于房屋总高度的 1/3 时,其各层框架柱的计算长度如下。

当为现浇楼盖时,

$$l_0 = 0.7H$$

当为装配式楼盖时,

$$l_0 = 1.0H$$

(3)不设楼板或楼板上开孔较大的多层钢筋混凝土框架柱以及无抗侧力刚性墙体的单跨钢筋混凝土框架柱的计算长度,应根据可靠设计经验和计算确定。

上述规定中,对底层柱,H 取为基础顶面到一层楼盖顶面之间的距离;对其余各层柱,H 取为各层层高,即上、下两层楼盖顶面之间的距离。

3. 框架柱截面配筋

框架柱为偏心受压构件,应按正截面受压承载力计算确定纵向钢筋的数量,一般采用对称配筋。计算截面配筋应根据最不利内力组合进行。由于 M 与 N 的相互影响,可将 2.6.1 节中计算的几种组合初步按偏心距 $e_0 = \dfrac{M}{N}$ 分为大偏心受压和小偏心受压两类。在大偏心受压一类中选取对应于 M_{max} 偏心距 e_0 最大(即对应 N 最小)的一组内力进行计算,在小偏心受压一类中选取 N_{max} 及相应的 M 较大或 N 比 N_{max} 稍小而 M 却相当大的几组内力进行计算,从中取配筋最大者作为截面配筋依据。

框架柱还应按偏心受压构件斜截面受剪承载力计算确定箍筋数量,此时最不利内力组合应取 V_{max} 及相应的 N 那一组。

框架柱设计还应按构造要求采取相应的构造措施。

对于 $\dfrac{e_0}{h_0} > 0.55$ 的框架柱,应验算构件的裂缝宽度。

2.6.3 水平荷载作用下框架侧移近似计算

1. 框架的侧移计算

框架结构在水平荷载的作用下的侧向位移,最大值在框架顶点。由式(2-9)求出的框架第 j 层第 k 柱的抗侧移刚度 D_{jk},代替式(2-4)中的 $\dfrac{12i_{jk}}{h_j^2}$,求出框架第 j 层的层间侧向位移

$$\Delta u_j = \frac{V_{Fj}}{\sum\limits_{k=1}^{m} D_{jk}}$$

然后逐层叠加,就可以得到框架第 i 层楼板处的侧移

$$u_i = \sum_{j=1}^{i} \Delta u_j \qquad (2\text{-}15)$$

和框架顶点的总侧移

$$u_n = \sum_{j=1}^{n} \Delta u_j \qquad (2\text{-}16)$$

式中 n——框架总层数。

应当注意,框架结构的侧移验算属于正常使用极限状态的验算,荷载的代表值应使用其

标准值。

这样求出的框架结构的侧移实际上是由梁、柱弯曲变形引起的侧移。由式(2-11)可知，Δu_j 是与外荷载在该层所产生的层总剪力 V_{Fj} 成正比的。因层总剪力 V_{Fj} 是从顶层向下逐层递增的，当各层框架柱的抗移侧刚度 $D_j = \sum_{k=1}^{m} D_{jk}$ 变化不大时，层间侧向位移 Δu_j 也是上小下大。框架的这种侧移的曲线与等截面悬臂柱在水平荷载作用下的剪切变形曲线类似，故称这种侧移变形为框架的总体剪切变形(图 2-19(a))。

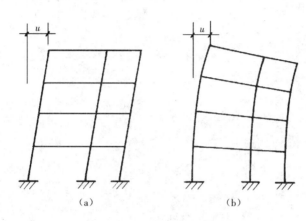

图 2-19　框架的侧移计算
(a)总体剪切变形　(b)总体弯曲变形

引起框架结构发生侧移的另一主要原因是框架柱轴向变形引起的侧移。框架结构因框架柱的轴向伸长或缩短引起的侧移，类似于等截面悬臂柱在水平荷载作用下的弯曲变形，故称这种侧移变形为框架的总体弯曲变形(图 2-19(b))。对于高度不大(如 $H \leq 50$ m)并且房屋高宽比较小$\left(\text{如} \dfrac{H}{B} \leq 4\right)$的框架结构，侧移计算只考虑框架的总体剪切变形对于工程目的已足够精确，框架柱轴向变形引起的侧移一般可不予考虑。在需要考虑框架柱轴向变形引起的侧移的情形时，可另见有关参考书籍。此外，还有梁、柱截面剪切变形引起的侧移。但正如结构力学中所指出的，截面剪切变形引起的结构变形与弯曲变形引起的结构变形相比是可以忽略的。

2. 侧移限值

结构的侧移验算包括两个内容，即框架顶点的总侧移 u 和楼层层间侧移 Δu 应满足：

$$\frac{u}{H} \leq \left[\frac{u}{H}\right] \tag{2-17a}$$

$$\frac{\Delta u}{h} \leq \left[\frac{\Delta u}{h}\right] \tag{2-17b}$$

式中　u——按弹性方法计算的结构顶点总侧移，对装配整体式结构应放大 20%；

　　　H——结构总高度；

　　　Δu——按弹性方法计算的楼层层间侧移，对装配整体式结构应放大 20%；

　　　h——层高。

框架结构弹性侧移限值见表 2-6。

表 2-6 框架结构弹性侧移限值

填充墙类型	风荷载作用下		地震作用下	
	$\dfrac{u}{H}$	$\dfrac{\Delta u}{h}$	$\dfrac{u}{H}$	$\dfrac{\Delta u}{h}$
空框架或轻质隔墙	$\dfrac{1}{550}$	$\dfrac{1}{450}$	$\dfrac{1}{500}$	$\dfrac{1}{400}$
考虑砌体填充墙的抗侧力作用	$\dfrac{1}{650}$	$\dfrac{1}{500}$	$\dfrac{1}{550}$	$\dfrac{1}{450}$

第3章 基础设计

3.1 基础设计的一般规定

基础是建筑物及构筑物在地下直接与地基接触的下部结构,其作用是将上部结构的荷载传递到地基中去,由此构成建筑物的支承结构。基础设计的质量直接影响上部结构的安全,并与整个工程造价密切相关,所以在设计中需要引起高度重视。

3.1.1 建筑物的安全等级划定

《建筑地基基础设计规范》(GB 50007—2011)规定:地基基础设计应根据地基复杂程度、建筑物规模和功能特征以及由于地基问题可能造成建筑物破坏或影响正常使用的程度分为三个设计等级,设计时应根据具体情况,按国标中表3.0.1选用。

3.1.2 关于进行地基变形计算的范围

直接支承基础的天然土层称为天然地基。设计时,除应满足地基承载力要求外,还应根据规范对地基变形作出相应要求。《建筑地基基础设计规范》(GB 50007—2011)规定:设计等级为甲级、乙级的建筑物,均应按地基变形设计;设计等级为丙级的建筑物有下列情况之一时应作变形验算。

(1)地基承载力特征值小于130 kPa,且体型复杂的建筑。

(2)在基础上及其附近有地面堆载或相邻基础荷载差异较大,可能引起地基产生过大的不均匀沉降时。

(3)软弱地基上的建筑物存在偏心荷载时。

(4)相邻建筑距离近,可能发生倾斜时。

(5)地基内有厚度较大或厚薄不均的填土,其自重固结未完成时。

3.1.3 基础的埋置深度

基础的埋置深度需要综合考虑各种决定因素。

首先,要考虑建筑物的用途,包括有无地下室、设备基础和地下设施以及作用在地基上的荷载大小和性质。在满足地基稳定和变形要求的前提下,基础应尽量浅埋,当上层地基的承载力大于下层土时,宜利用上层土作持力层。除岩石地基外,基础埋深不宜小于0.5 m。

其次,要考虑工程地质和水文地质条件,位于土质地基上的高层建筑,其基础埋深应满足稳定要求;位于岩石地基上的高层建筑,其基础埋深应满足抗滑要求。一般基础宜埋置在地下水位以上,当必须埋在地下水位以下时,应采取措施使地基土在施工时不受扰动。

此外,还要考虑相邻建筑物的基础埋深及地基土冻胀和融陷的影响。当存在相邻建筑物时,新建建筑物的基础埋深不宜大于原有建筑基础。当埋深大于原来建筑基础时,两基础间应保持一定净距,其数值应根据荷载大小和土质情况而定,一般取相邻两基础底面高度差的1~2倍。如上述要求不能满足,应采取分段施工、设临时加固支撑、打板桩、设置地下连续墙等措施,或加固原有建筑物地基。

3.2 天然地基上浅基础设计

3.2.1 地基承载力的计算

1. 地基土的承载力

地基土的承载力是指在保证地基稳定的条件下,建筑物和构筑物的沉降量不超过允许值的地基承载能力。

地基承载力的标准值 f_k,是地基承载力计算的依据,由《建筑地基基础设计规范》(GB 50007—2011)根据土的物理性质指标及原位测试等资料给出,但由于我国国土辽阔,同类土的性质随地区差异较大,所以在使用规范中各类土的承载力表时,应结合本地土质的实际情况和原位测试的资料,慎重选择土的承载力标准值。对于岩石、碎石土而言,地基承载力的基本值可以作为地基承载力的标准值;而对于粉土、黏性土、红黏土、淤泥和淤泥质土、素填土而言,应将《建筑地基基础设计规范》(GB 50007—2011)中查得的地基承载力基本值 f_0 乘以回归修正系数,这样才能得到地基承载力的标准值 f_k。

个体工程设计时,工程地质勘察报告必须提供各土层的承载力标准值 f_k,供设计人员采用。

2. 地基承载力设计值计算

地基承载力设计值 f 应根据地基承载力的标准值 f_k 进行深度和宽度修正后得到。计算公式为

$$f = f_k + \eta_b \gamma (b-3) + \eta_d \gamma_0 (d - 0.5) \tag{3-1}$$

式中 f、f_k——地基承载力设计值和标准值;

η_b、η_d——基础宽度和埋深的承载力修正系数,按《建筑地基基础设计规范》(GB 50007—2011)表 5.2.4 查取;

γ——土的重度(kN/m^3),为基础底面以下土的天然密度 ρ 与重力加速度 g 的乘积,当位于地下水位以下时取有效重度;

b——基础底面宽度(m),当基宽小于 3 m 时,按 3 m 考虑,当基宽大于 6 m 时,按 6 m 考虑;

d——基础埋置深度(m),一般自室外地面算起,在填方整平地区,可自填土地面算起,但填土在上部结构施工后完成的,应从天然地面算起;

γ_0——基础底面以上土的加权平均重度(kN/m^3),地下水位以下取有效重度,当基底以上为多层土时,取其加权平均重度。

3. 地基承载力计算

在进行地基承载力计算时,上部结构荷载和基础及基础上土体自重所产生的基底压力设计值不应大于地基承载力设计值。

轴心荷载作用时,基础底面压力应满足

$$p \leq f \tag{3-2}$$

式中 p——基础底面处的平均压力设计值;

f——地基承载力设计值。

偏心荷载作用时,除满足式(3-2)外,还应满足

$$p_{\max} \leqslant 1.2f \tag{3-3}$$

式中 $p_{\max}$——基础底面边缘的最大压力设计值。

3.2.2 刚性基础的设计

刚性基础是指用抗压强度较高而抗弯、抗拉强度较低的材料建造的基础。基础材料可用混凝土、毛石混凝土、砖、毛石、灰土、三合土等,一般用于层数较低的民用建筑和轻型厂房。

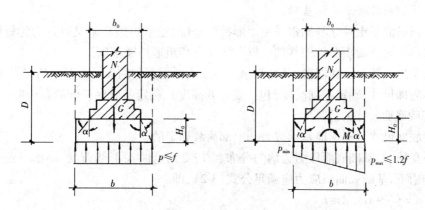

图 3-1 刚性基础(取沿墙长 1 m 为计算单元)

1. 基底尺寸的确定

刚性基础的断面形式有矩形、阶梯形、锥形等,其基础底面宽度 b 应符合下列要求:

$$b \leqslant b_0 + 2H_0 \tan \alpha \tag{3-4}$$

轴心荷载作用时,

$$b \geqslant \frac{N}{f - \gamma_G \gamma_\eta D} \tag{3-5}$$

偏心荷载作用时,

$$\frac{N+G}{b} + \frac{6M_a}{b^2} \leqslant 1.2f \tag{3-6}$$

式中 b_0——基础顶面的砌体宽度;

H_0——基础高度;

$\tan \alpha$——基础台阶宽高比的允许值,可按《建筑地基基础设计规范》(GB 50007—2011)表 8.1.1 取用;

N、M_a——上部结构传给基础顶面的竖向力设计值和传给基础底面的弯矩设计值,按沿墙长 1 m 为计算单元取用;

G——基础底面以上基础和填土的重力荷载设计值,$G = \gamma_G \gamma_\eta D(b \times l)$,其中 γ_G 为恒载分项系数,可取 1.2,γ_η 为基础材料和填土的平均重度,取 20 kN/m³,D 为基础埋置深度,$b \times l$ 为墙下条形基础的计算底面积;

f——地基承载力设计值。

2. 构造要求

材料:混凝土及毛石混凝土基础通常采用 C7.5 ~ C10,砖基础采用的砖不低于 MU7.5,

砂浆为 M2.5～M5,灰土基础采用体积比为 3:7 或 2:8 的灰土,三合土(石灰、砂、骨料)基础体积比为 1:2:4～1:3:6。

刚性基础台阶宽高比的允许值详见《建筑地基基础设计规范》(GB 50007—2011)表 8.1.1。

基础由不同材料叠合组成时,应对接触部分作抗压验算。

3.2.3 扩展基础设计

扩展基础分为柱下钢筋混凝土独立基础和墙下钢筋混凝土条形基础。

1. 柱下钢筋混凝土独立基础

柱下钢筋混凝土独立基础常采用矩形扩展基础,矩形扩展基础又可分为无短柱的矩形扩展基础和带短柱的矩形扩展基础。以下详细介绍矩形扩展基础。

在选定地基持力层和埋置深度后,钢筋混凝土独立基础的设计主要包括以下几项内容:确定基础底面尺寸、确定基础高度(包括变阶处高度)、确定基础底板配筋和构造。

1) 基础底面尺寸的计算

基础底面尺寸是根据地基承载力和上部荷载确定的。

轴心受压时,基础底面压力为均匀分布(图 3-2),这时在上部荷载、基础自重和基础上部土重作用下,基础底面压应力应满足公式(3-2),即

$$p = (N + G)/A \leqslant f \qquad (3\text{-}7)$$

式中　　N——上部结构传至基础顶面的竖向力设计值;

　　　　G——基础自重设计值和基础上的土重标准值;

　　　　f——地基承载力设计值;

　　　　A——基础底面积。

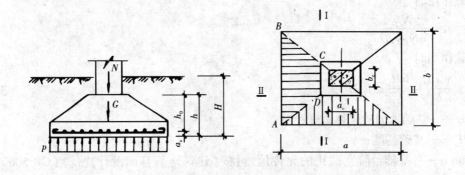

图 3-2　轴心受压基础的计算简图

若基础埋深为 d,取基础及其上填土的平均重度为 γ_p(一般取为 20 kN/m³),则 $G = \gamma_p dA$(其中 d 为埋深),将 G 代入式(3-7)得

$$A \geqslant \frac{N}{f - \gamma_p d} \qquad (3\text{-}8)$$

算出 A 后,可选定一个边长 a,则另一边长 $b = A/a$;若采用正方形,则 $a = b = \sqrt{A}$,然后取整。

偏心受压时,基础底面压力按非均匀线形分布(图 3-3),此时,基础底面边缘最大压应

力 p_{max} 和最小压应力 p_{min} 按下式计算:

$$p_{max} = \frac{N + G}{A} + \frac{M_b}{W} \tag{3-9a}$$

$$p_{min} = \frac{N + G}{A} - \frac{M_b}{W} \tag{3-9b}$$

式中　M_b——作用于基础底面的力矩设计值;

$\quad\quad W$——基础底面的抵抗矩,$W = ba^2/6$,b 为基础底面宽度(即垂直于弯矩作用平面的边长),a 为基础底面的长度(即平行于弯矩作用平面的边长)。

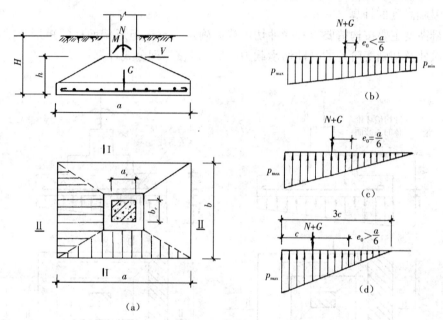

图 3-3　偏心受压基础的计算简图

(a)计算简图　(b)偏心距 $e_0 < a/6$ 应力分布图

(c)偏心距 $e_0 = a/6$ 应力分布图　(d)偏心距 $e_0 > a/6$ 应力分布图

力矩 M_b 包括作用于基础顶面的力矩设计值 M 和作用于基础顶面剪力设计值 V 对基础底面产生的力矩,即 $M_b = M \pm Vh$(h 为基础高度)。

令 $e_0 = M_b/(N + G)$,则式(3-9a)和式(3-9b)改变为

$$p_{max} = \frac{N + G}{A}\left(1 + \frac{6e_0}{a}\right) \tag{3-10a}$$

$$p_{min} = \frac{N + G}{A}\left(1 - \frac{6e_0}{a}\right) \tag{3-10b}$$

当 $e_0 < a/6$ 时,$p_{min} > 0$,地基反力图形为梯形(图 3-3(b));当 $e_0 = a/6$ 时,$p_{min} = 0$,地基反力图形为三角形(图 3-3(c));当 $e_0 > a/6$ 时,$p_{min} < 0$,由于基础与地基土接触面不能受拉,地基反力图形也为三角形(图 3-3(d)),此时承受地基反力的基础底面积将不是 ab,而是 $3cb$,故 p_{max} 应改为按下式计算:

$$p_{max} = \frac{2(N + G)}{3cb} \tag{3-11}$$

式中 c——偏心荷载作用点至 p_{max} 处的距离,$c = a/2 - e_0$。

偏心受压基础底面压应力应同时满足下列两个条件:

$$\frac{p_{max} + p_{min}}{2} \leqslant f \tag{3-12}$$

$$p_{max} \leqslant 1.2f \tag{3-13}$$

偏心受压基础底面尺寸一般需采用试算法,即先按轴心受压计算所需的基础底面积,并增大 20% ~ 40%,初步选定基础底面的尺寸,再复核 p_{max} 与 p_{min} 是否满足要求;如不符合要求,应重新假定基础底面尺寸,并重新复核。

2) 基础高度的计算

基础高度主要按构造要求和受冲切承载力确定。对于矩形截面柱的矩形基础,在柱与基础交接处及基础变阶处的受冲切承载力(图 3-4)按下列公式计算:

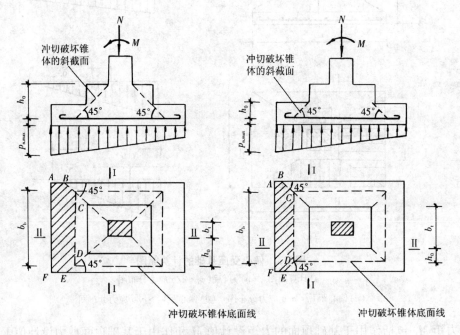

图 3-4 阶梯形基础的受冲切承载力计算示意图

$$F_1 \leqslant 0.6 f_t b_m h_0 \tag{3-14}$$

$$F_1 = p_n A \tag{3-15}$$

$$b_m = \frac{b_t + b_b}{2} \tag{3-16}$$

式中 f_t——混凝土轴心抗拉强度设计值(MPa);

b_m——冲切破坏锥体斜截面的上边长 b_t 与下边长 b_b 的平均值(m);

b_t、b_b——冲切破坏锥体斜截面的上边长和下边长(m);

h_0——基础冲切破坏锥体的有效高度(m);

p_n——在荷载设计值作用下的基础底面净反压力,当偏心受压时,可取用最大净反压力 $p_{n,max}$ (MPa)。

3）基础底板配筋的计算

基础底板在地基净反压力作用下，长、短两个方向均产生弯曲，因此在底板的两个方向都应配置受力钢筋。配筋计算的控制截面取柱与基础交接处和变阶处。

对轴心受压基础，截面Ⅰ—Ⅰ的弯矩 M_1 按下式计算（图3-2）：

$$M_1 = \frac{1}{24}p_n\,(a-a_c)^2(2b+b_c) \tag{3-17}$$

式中 a、b——柱截面的长边和短边的长度。

沿长边 a 方向的受拉钢筋可按下式计算：

$$A_{s1} = \frac{M_1}{0.9h_{01}f_y} \tag{3-18}$$

式中 h_{01}——截面Ⅰ—Ⅰ的有效高度（图3-2），$h_{01}=h-a_s$。

同理，可计算截面Ⅱ—Ⅱ的弯矩 $M_{\text{Ⅱ}}$ 和沿短边方向的受拉钢筋。沿短边 b 方向的钢筋一般放在沿长边方向的钢筋的上面，当双向钢筋直径 d 相同时，截面Ⅱ—Ⅱ的有效高度 $h_{02}=h_{01}-d$，则沿短边 b 方向的受拉钢筋可按下式计算：

$$A_{s\text{Ⅱ}} = \frac{M_{\text{Ⅱ}}}{0.9(h_{01}-d)f_y} \tag{3-19}$$

对偏心受压基础（图3-3），基础底板配筋仍可按上述公式计算，但在计算 M_1，$M_{\text{Ⅱ}}$ 时，分别用 $(p_{n,max}+p_{n,1})/2$ 和 $(p_{n,max}+p_{n,min})/2$ 代替 p_n，此处 $p_{n,max}$ 和 $p_{n,min}$ 为基础底面最大净反压力和最小净反压力，$p_{n,1}$ 为截面Ⅰ—Ⅰ处的基础底面净反压力。

对于变阶处，截面的配筋计算方法与柱边截面的配筋计算方法相同，只需将上述公式中柱截面边长 a_c，b_c 用变阶处的截面边长代替即可。

4）构造要求

轴心受压基础的底面一般采用正方形，偏心受压基础一般采用矩形，其长边与弯矩作用方向平行，长、短边边长的比值一般为 1.5 ~ 2.0。锥形基础边缘高度不宜小于 300 mm，阶梯形基础每阶高度应为 300 ~ 500 mm。

基础混凝土强度等级应不低于C15，通常采用C15 ~ C25。基底受力钢筋一般采用Ⅰ级或Ⅱ级，其直径不宜小于 8 mm，间距不应大于 200 mm，也不宜小于 100 mm；当基础底面尺寸不小于 3 m 时，为节约钢材，其受力钢筋长度可缩短10%，并交错布置。钢筋保护层厚度在未设垫层时，不小于 70 mm；而在设置垫层后，不应小于 35 mm。

对于杯口基础，详细构造措施可参考有关书籍。

2.墙下钢筋混凝土条形基础

墙下钢筋混凝土条形基础是当基础底面宽度 b 不能满足式（3-4）时采用的一种基础形式，底板处应按计算配置钢筋。这种基础又称为扩展条形基础。

基础底面宽度 b 仍根据式（3-5）、式（3-6）确定，如图3-5所示，并取 1 m 为计算单元。

确定 b 后，即可求出最大的底板边缘净土反力：

$$p_{n,max} = \frac{N}{b} + \frac{6M}{b^2} \tag{3-20}$$

然后按悬臂板的计算模型求出底板 M_{max}，再求出底板应配置的横向受力钢筋。

构造措施同钢筋混凝土独立基础，应注意底板与墙体交接面处必须做成平台形以便放线砌墙，砖墙放脚不宜大于1/4 砖长。

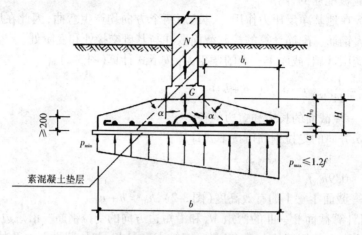

图 3-5 墙下钢筋混凝土条形基础

（取沿墙长 1 m 为计算单元）

3.2.4 柱下条形基础和十字交叉条形基础设计概述

1.柱下条形基础

1）构造要求

柱下条形基础由基础梁及其横向伸出的底板所组成，呈倒 T 形，如图 3-6 所示。其混凝土强度等级一般采用 C20，纵向受力钢筋采用 I、II 级钢筋，箍筋采用 I 级钢筋。

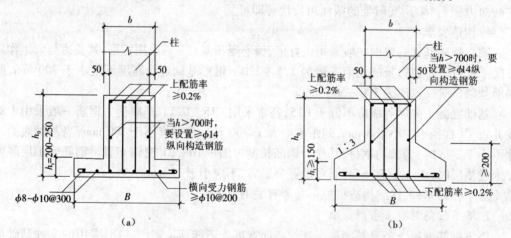

图 3-6 柱下钢筋混凝土条形基础构造

（a）基础梁与底板交接处垂直 （b）基础梁与底板交接处放坡

基础梁的高度一般取柱距的 1/8 ~ 1/4，在其两端应有伸出的悬臂部分，目的是增大基底长度，调整基底形心位置使基底反力分布比较合理，一般伸出的长度为第一跨柱距的 1/4 ~ 1/3。基础梁的宽度与柱截面有关；当与基础梁宽度方向一致的柱截面尺寸小于 600 mm 时，梁宽宜取该尺寸加 100 mm；否则，基础梁宽度应在柱附近适当加宽，如图 3-7 所示。

基础梁顶面和底面的纵向钢筋，应有 2 ~ 4 根通长配筋，且其面积不得小于纵向钢筋总面积的 1/3。当梁高 $h > 700$ mm 时，应在梁中部的两侧配置不少于 $2\phi14$ 的纵向构造钢筋。

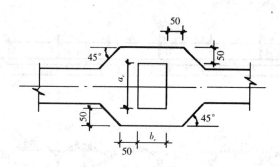

图 3-7 现浇柱与条形基础交接处平面尺寸

基础梁的底板厚度 h 不宜小于 200 mm,当梁高 $h > 250$ mm 时,宜采用变厚度底板,其坡度不大于 $1:3$(图 3-6(b))。

当基础梁宽度 $b \leqslant 350$ mm 时,采用双肢箍筋;当 350 mm $< b \leqslant 800$ mm 时,应采用四肢箍筋;当 $b > 800$ mm 时,应采用六肢箍筋。箍筋应采用封闭式,其直径不应小于 8 mm,间距按计算确定,但不应大于 $15d$(d 为纵筋直径),也不应大于 500 mm。

2)设计计算要求

柱下条形基础内力计算分为基础梁内力分析和基础底板内力分析两部分。

基础梁的计算有反梁法和弹性地基梁计算法两种。

(1)反梁法又称直线分布法,适用于地基压缩性及荷载分布比较均匀且条形基础梁的高度大于 1/6 柱距时的情况。反梁法是假定基础梁和地基之间的土反力依直线变化分布,然后以柱底端作为支座,将基础梁视作倒置的多跨连续梁计算内力。常用的反梁法有经验系数法、多跨连续梁弯矩系数法、静力平衡法等。由于计算简捷,在某些精度范围内一般可以满足设计要求。

(2)弹性地基梁法当地基压缩性显著不均匀、柱下条形基础截面刚度比较小(例如截面高度小于 1/6 柱距),将土反力分布假设为直线分布与土反力的实际分布情况相差较大时适用。常用的基床系数法(文克勒法)假定地基每单位面积上所受的压力与其相应的地基沉降量成正比,即认为地基是由许多互不联系的弹簧所组成。某点地基的沉降仅由该点上作用的荷载所产生。此法的求解过程烦琐复杂,可参阅弹性地基梁计算书籍中的公式及表格进行计算。

现以反梁法中经验系数法为例,介绍柱下条形基础的计算。当地基土质较为均匀,基础的绝对和相对沉降量较小,上部结构刚度较好,柱距及内柱荷载相近时,此法的计算结果可满足一般工程需要,计算简图如图 3-8 所示。

Ⅰ.基础梁内力分析

当条形基础梁为等跨或跨度相差不大于 10%,除边跨外各柱的荷载相差不大,柱距较小且荷载的合力重心与基础纵向形心重合时,可近似地按经验系数法的弯矩和剪力系数直接计算基础梁的内力。弯矩和剪力计算公式见表 3-1 和表 3-2。

表 3-1 弯矩计算公式

支座			跨中		
M_A	M_B	M_C	M_1	M_2	M_3
$0.5ql_0^2$	$0.1ql_1^2$	$0.083ql_1^2$	$-0.077ql_1^2$	$-0.05ql_1^2$	$-0.059ql_1^2$

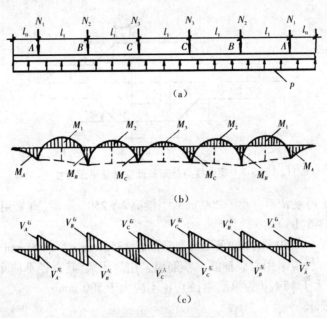

图 3-8　荷载、弯矩、剪力图

(a)荷载图　(b)弯矩图　(c)剪力图

表 3-2　剪力计算公式

$V_A^{左}$	$V_A^{右}$	$V_B^{左}$	$V_B^{右}$	$V_C^{左}$	$V_C^{右}$
$0.5ql_0$	$-0.431ql_1$	$0.569ql_1$	$-0.517ql_1$	$0.483ql_1$	$-0.5ql_1$

Ⅱ. 基础底板内力分析

先求沿 L 方向的净土反力设计值。计算公式为

$$p_{n,max} = \frac{\sum N}{BL} + \frac{6\sum M_x}{BL^2} \leqslant 1.2f \tag{3-21a}$$

$$p_{n,min} = \frac{\sum N}{BL} - \frac{6\sum M_x}{BL^2} \geqslant 0 \tag{3-21b}$$

式中　$\sum N$——柱下条形基础上各竖向荷载(不包括基础自重及覆土自重的重力荷载)设

计值的总和;

$\sum M_x$——柱下条形基础上各竖向荷载设计值对基底形心在 L 方向的力矩及 L 方向

力矩荷载设计值的总和;

B、L——柱下条形基础的宽度和长度,B 为初估值,在内力分析前确定;

f——地基承载力设计值。

再按图 3-9,求出最不利截面的地基土反力 $p_{n,max}$,$p_{n,}$ 沿柱下条形基础长度方向取 1 m
为计算单元,按土反力分布算出截面的最大弯矩设计值作为设计基础底板的依据。

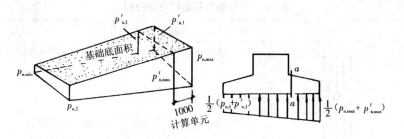

图 3-9　柱下条形基础底板内力分析

Ⅲ. 柱下条形基础的配筋

求出柱下条形基础基础梁和基础底板各控制截面的内力后,即可按照一般钢筋混凝土受弯构件进行配筋设计,不另赘述。

2. 十字交叉条形基础(格筏基础)

交叉条形基础计算的关键在于如何解决节点处柱竖向荷载的分配问题,一旦确定了荷载在纵横两个方向的分配值,就可按两个方向的条形基础分别计算。

交点上的柱荷载,应按两向基础梁刚度大小和变形协调的原则,沿 x、y 两个方向分配,计算公式见表3-3。

需要指出的是,由于交叉条形基础在节点处的应力相互重叠,须考虑两条形基础相互影响的调整值,即将底部重叠板带面积上的地基压力折算成地基平均压力,作为地基压力的增量,设计中应予考虑。

3.2.5　筏板(片筏)基础设计概述

当交叉条形基础不能满足地基土承载力和地基变形控制要求时,或者需要考虑设计地下室时,可采用筏板基础。筏板基础分为平板式和梁板式两类(图3-10)。

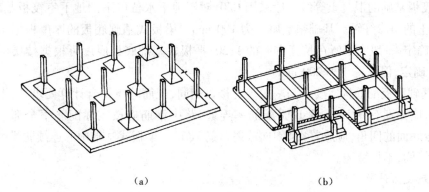

　　(a)　　　　　　　　　　　　　(b)

图 3-10　筏板基础

(a)平板式片筏基础　(b)梁板式片筏基础

表 3-3　交叉条形基础柱荷载分配表

图形	计算公式	说明
内柱	$p_{ix}=\dfrac{\lambda_x^3 I_x p_i}{\lambda_x^3 I_x+\lambda_y^3 I_y}$ $p_{iy}=\dfrac{\lambda_y^3 I_y p_i}{\lambda_x^3 I_x+\lambda_y^3 I_y}$	λ：柔度系数 $\lambda_x=\sqrt[4]{\dfrac{BK}{4EI_x}}$
边柱	$p_{ix}=\dfrac{4\lambda_x^3 I_x p_i}{4\lambda_x^3 I_x+\lambda_y^3 I_y}$ $p_{iy}=\dfrac{\lambda_y^3 I_y p_i}{4\lambda_x^3 I_x+\lambda_y^3 I_y}$	$\lambda_y=\sqrt[4]{\dfrac{BK}{4EI_y}}$ B：基础宽度 K：基床系数
角柱	$p_{ix}=\dfrac{\lambda_x^3 I_x p_i}{\lambda_x^3 I_x+\lambda_y^3 I_y}$ $p_{iy}=\dfrac{\lambda_y^3 I_y p_i}{\lambda_x^3 I_x+\lambda_y^3 I_y}$	I_x,I_y：x,y 方向基础梁的惯性矩 p_i：上部结构柱传来的集中力

1. 构造要求

（1）筏板基础的混凝土等级一般采用C20，对于地下水位以下的地下室筏板基础，尚需考虑混凝土的防渗等级。基础垫层厚度为 100 mm。梁板式基础底板的厚度根据抗冲切及抗剪要求确定，一般大于所在长度方向的 1/20；平板式基础底板厚度可根据楼层层数按每层 50 mm 确定，但不得小于 200 mm。

（2）基础底板配筋构造要求与一般现浇楼盖相同，配筋除应符合计算要求外，纵横方向支座钢筋，应分别有 0.15%、0.10% 配筋率连通，跨中钢筋应按实际配筋率全部连通。另外，在底板底面的四角，应放置45°斜向放射钢筋7φ12。梁板式基础中的连续肋梁配筋构造同一般连续梁，不另赘述。

2. 地基反力计算

当地基土比较均匀，上部结构刚度较好时，可不考虑整体弯曲；假定地基反力在两个方向上都按直线分布，并根据静力平衡条件确定地基反力。对于矩形平面的筏板基础，可用下列公式计算地基反力：

$$p_{n,max}=\frac{\sum N}{BL}+\frac{6\sum M_x}{BL^2}+\frac{6\sum M_y}{LB^2} \tag{3-22a}$$

$$p_{n,min}=\frac{\sum N}{BL}-\frac{6\sum M_x}{BL^2}-\frac{6\sum M_y}{LB^2} \tag{3-22b}$$

式中　$\sum N$——上部结构传来的全部竖向荷载的合力；

　　　$\sum M_x$、$\sum M_y$——上部结构传来的荷载对基底中心在 x、y 方向上的偏心力矩之和；

　　　L、B——筏基长度和宽度。

有时为了避免建筑物的重心与基础底板形心不一致，而导致建筑物倾斜，可适当调整底板各边的边挑长度，使基础处于接近中心受荷状态，这时可假定地基反力为均匀分布。

3. 梁板式基础

当框架结构柱网两个方向长度的比值小于 1.5，而在柱网单元内不布置次肋梁时，应按井式楼盖计算配筋。其底板按多跨连续板计算，纵、横向基础肋梁则按多跨连续梁计算。纵横向基础荷载分布如图 3-11 所示。

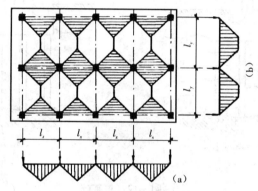

图 3-11　纵横向基础梁荷载分布图
(a)纵梁　(b)横梁

当框架的柱网呈矩形，在柱网单元内考虑布置次肋且次肋间距较小时，梁板式基础可按倒置的平面肋梁楼盖计算。其基础底板按单向多跨连续板计算，次肋作为次梁，按多跨连续梁计算，与之垂直的肋梁也按多跨连续梁计算。

4. 平板式基础

当框架柱直接支承于基础底板，而不设置任何肋梁时，称为平板式基础，由于底板反力较大，因而底板厚度也较大，一般为 0.5 ~ 2 m。内力计算方法可按倒置的无梁楼盖来考虑，采用等代框架法计算，即在板的纵横两向分别划出柱上板带和跨中板带，分别求出其内力，然后配筋。

3.3　桩基础设计

桩基础是一种常用的基础形式，是深基础的一种。桩基础具有承载力高、沉降速率低、沉降量小而均匀的特点，能够承受垂直荷载、水平荷载及上拔力。当天然地基上的浅基础承载力不能满足要求而沉降量又过大或地基稳定性不能满足建筑物规定要求时，常常采用桩基础。

桩基础的形式较多，本节介绍混凝土预制桩基础和混凝土灌注桩基础。

3.3.1 基础的分类及基本构造要求

1. 桩基础的分类

按照桩的受力性能,桩基础可分成端承桩和摩擦桩,如图 3-12 所示。

端承桩是将建筑物的荷载通过桩传递到坚硬土层或岩层上,假定只靠桩端的支承力起作用,桩表面的摩擦力可忽略不计。摩擦桩是通过桩把建筑物的荷载传递给桩周土中及桩端下的土中,桩上的荷载大部分靠桩周与土的摩擦力来支承,同时,桩端下的土也起一定的支承作用。

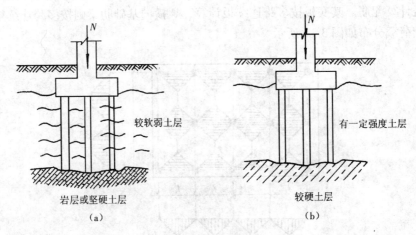

图 3-12 桩基础

(a)端承桩 (b)摩擦桩

2. 桩基础的基本构造要求

桩和桩基础应符合下列基本构造要求。

(1)桩的中心距不宜小于 3 倍桩身直径,如为扩底灌注桩,不宜小于 1.5 倍扩底直径。

(2)扩底灌注桩的扩底直径不宜大于 3 倍桩身直径。

(3)桩端进入持力层的深度根据地质条件确定,一般为 1~3 倍桩径。嵌岩灌注桩的周边嵌入微风化或中等风化岩体的最小深度不宜小于 0.5 m。

(4)预制桩的混凝土强度等级不应低于 C30,灌注桩不应低于 C15,水下灌注时不应低于 C20。

(5)桩的主筋应按计算确定,计算时,应考虑作用在桩顶上的水平力和力矩,预制桩的最小配筋率不宜小于 0.8%;灌注桩的最小配筋率当承压时不宜小于 0.2%,受弯时不宜小于 0.4%,其主筋长度当为抗拔时应通长设置。

(6)桩顶嵌入承台内长度不宜小于 50 mm,当桩主要承受水平力时,不宜小于 100 mm,主筋伸入承台内的锚固长度,不宜小于 30 倍钢筋直径。

3.3.2 桩基设计的基本原则

桩基的设计,应符合下列原则:

(1)对于端承桩基,桩数少于 9 根的摩擦桩或条形基础下的桩不超过两排者,当符合前述构造要求时,桩基的竖向抗压承载力为各单桩竖向抗压承载力的总和;

(2)对于桩的中心距小于 6 倍桩径(摩擦桩),而桩数超过 9 根(含 9 根)的桩基,可视作

一假想的实体深基础,进行桩底地基承载力验算;

(3)当作用于桩基的外力主要为水平力时,必须对桩基的水平承载力进行验算;

(4)当桩基承受抗拔力时,必须对桩基进行抗拔力的验算;

(5)当建筑物对桩基的沉降有特殊要求时,应作变形验算;

(6)桩基上的荷载合力作用点,应尽量与桩群重心相重合。

3.3.3　单桩承载力的确定与验算

1. 单桩竖向承载力的确定

单桩竖向承载力的确定,一般先用《建筑地基基础设计规范》(GB 50007—2011)公式估算出单桩承载力标准值,并通过现场静载试验,再考虑桩身材料强度最终确定其承载力。

1)用《建筑地基基础设计规范》(GB 50007—2011)公式估算

初步设计时,可按下列公式估算单桩承载力。

摩擦桩:

$$R_k = q_p A_p + U_p \sum q_{si} l_i \tag{3-23}$$

端承桩:

$$R_k = q_p A_p \tag{3-24}$$

式中　R_k——单桩的竖向承载力标准值;

q_p——桩端土的承载力标准值;

A_p——桩身的横截面面积;

U_p——桩身周边长度;

q_{si}——桩周土的摩擦力标准值;

l_i——按土层划分的各段桩长。

2)现场静载试验确定

在初步设计基础上,《建筑地基基础设计规范》(GB 50007—2011)规定,对于一级建筑物,单桩竖向承载力标准值,应通过现场静荷载试验确定。在同一条件下的试桩数量,不宜少于总桩数的1%,并不应少于3根。根据现场试验所得的荷载与沉降关系曲线得到桩的极限承载力。以现场静载荷试验所得的极限承载力,除以安全系数 K(通常取 $K=2$),即得单桩承载力标准值 R_k。

3)考虑桩自身材料强度

除按上述方法确定单桩承载力外,对桩身材料也要进行强度验算。例如,对钢筋混凝土桩可视为埋入土中的竖直压杆,忽略其纵向弯曲影响,其承载能力

$$R = f_c A_c + f_y' A_y' \tag{3-25}$$

式中　f_c、f_y'——混凝土及钢筋的设计强度;

A_c、A_y'——混凝土及钢筋截面面积。

对预制桩,还应进行运输、起吊和锤击等过程中的强度验算;位于水下时,还应进行抗裂度验算。

对混凝土灌注桩,当桩端支承于微风化岩且桩侧土质较差时,应适当考虑其纵向弯曲影响,其承载力近似按 $R=0.48 f_c A_c$ 计算。

2. 单桩的水平承载力

《建筑地基基础设计规范》(GB 50007—2011)规定,单桩水平承载力特征值应通过现场

水平载荷试验确定,必要时可进行带承台桩的载荷试验。单桩水平载荷试验应按《建筑地基基础设计规范》(GB 50007—2011)附录 S 进行。

3. 单桩承载力的验算

桩基设计计算时应满足单桩所承受的外力不超过单桩承载力。

(1)当轴心受压时,应满足:

$$Q \leqslant R \tag{3-26}$$

$$Q = (F + G)/n \tag{3-27}$$

$$R = 1.2R_k \tag{3-28}$$

式中　Q——桩基中单桩所承受的外力设计值;

　　　R——单桩竖向承载力设计值;

　　　F——作用于桩基上的竖向力设计值;

　　　G——桩基承台自重设计值和承台上的土自重标准值;

　　　n——桩数;

　　　R_k——式(3-23)确定的单桩竖向承载力标准值。

(2)当偏心受压时,除满足 $Q \leqslant R$ 外,尚应满足:

$$Q_{max} \leqslant 1.2R \tag{3-29}$$

$$Q_i = \frac{F + G}{n} + \frac{M_x y_i}{\sum y_i^2} + \frac{M_y x_i}{\sum x_i^2} \tag{3-30}$$

式中　Q_i——任意一点 i 的单桩所承受的外力设计值,Q_{max} 为其中最大值(kN);

　　　M_x、M_y——作用于桩群上的外力对通过桩群重心的 x,y 轴的力矩设计值(kN·m);

　　　x_i、y_i——桩 i 至通过桩群重心的 y,x 轴线的距离,如图 3-13 所示。

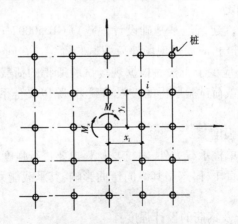

图 3-13　桩群平面示意图

3.3.4　桩基承台的设计

承台设计是桩基设计的一个重要组成部分,承台应具有足够的强度和刚度,以便将上部结构的荷载可靠地传给各桩,并将各单桩连成整体。

1. 构造要求

桩基承台的构造,除按计算和满足上部结构需要外,尚应符合《建筑地基基础设计规范》(GB 50007—2011)的规定。

（1）承台宽度不应小于 500 mm，边桩中心至承台边缘的距离不宜小于桩径（或边长），且桩的外边缘至承台边缘的距离不小于 150 mm。对于条形承台梁，桩的外边缘至承台梁边缘的距离不小于 75 mm。承台厚度不应小于 300 mm。

（2）承台的配筋，对于矩形承台其钢筋应按双向均匀通长布置（图 3-14(a)），钢筋直径不宜小于 10 mm，间距不宜大于 200 mm；对于三桩承台，钢筋应按三向板带均匀布置，且最里面的三根钢筋围成的三角形应在柱截面范围内（图 3-14(b)）。承台梁的主筋除满足计算要求外，尚应符合现行国家标准《混凝土结构设计规范》(GB 50010—2011)关于最小配筋率的规定，主筋直径不宜小于 12 mm，架立筋不宜小于 10 mm，箍筋直径不宜小于 6 mm。

（3）承台混凝土强度等级不应低于 C20；纵向钢筋的混凝土保护层厚度不应小于 70 mm，当有混凝土垫层时，不应小于 50 mm，且不应小于桩头嵌入承台内的长度。

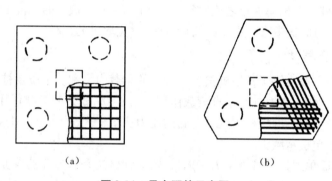

图 3-14　承台配筋示意图
(a)矩形承台配筋　(b)三桩承台配筋

2. 桩基承台的计算

桩基承台的内力，可按简化计算方法确定，并应按《混凝土结构设计规范》(GB 50010—2011)进行局部承压，受冲切、受剪及受弯的承载力计算。对于一般柱下桩基承台的弯矩，可按下列方法确定。

1）多桩矩形承台

计算截面时取柱边和承台高度变化处（杯口外侧或台阶边缘）的弯矩，其值

$$M_{xi} = \sum Q_i y_i \tag{3-31}$$

$$M_{yi} = \sum Q_i x_i \tag{3-32}$$

式中　M_{xi}、M_{yi}——垂直 y，x 轴方向计算截面处的弯矩设计值（kN·m）；

　　　x_i、y_i——垂直 y，x 轴方向自桩轴线到相应计算截面的距离。

2）三桩承台

Ⅰ.等边三桩承台

$$M = \frac{Q_{max}}{3} s - \frac{\sqrt{3}}{4} h \tag{3-33}$$

式中　M——由承台形心到承台边缘距离范围内板带的弯矩设计值（kN·m）；

　　　Q_{max}——扣除承台和其他填土自重后的三桩中相应于作用的基本组合时的最大单桩竖向力设计值（kN）；

s——桩距(m);

h——方柱边长(m),圆柱时 $h = 0.886d$(d 为圆柱直径)。

Ⅱ. 等腰三桩承台

$$M_1 = \frac{Q_{max}}{3}\left(s - \frac{0.75}{\sqrt{4-a^2}}h_1\right) \tag{3-34}$$

$$M_2 = \frac{Q_{max}}{3}\left(as - \frac{0.75}{\sqrt{4-a^2}}h_2\right) \tag{3-35}$$

式中 M_1、M_2——由承台形心到承台两腰和底边的距离范围内板带的弯矩设计值(kN·

m);

h_1、h_2——垂直于和平行于承台底边的柱截面边长(m);

s——长向桩距(m);

a——短向桩距与长向桩距之比,当 $a < 0.5$ 时,应按变截面的二桩承台设计。

用上述方法求得的板带弯矩进行配筋计算时,梁宽取桩的直径。

3.3.5 群桩承载力验算

群桩的承载力一般不等于各根桩按单桩计算的承载力之和。土质及桩的形式对群桩承载力的影响较大。例如,摩擦桩在垂直荷载作用下,由于摩擦力的扩散作用,群桩中各桩传布的应力相互重叠,因此,群桩桩尖处土受到的压力比单桩大,传布范围比单桩深,每根桩的平均承载力将小于单桩承载力。

设计中,无法简单地将单桩承载力予以折减,通常做法是认为群桩与桩间土的作用类似于刚性的整体基础,把荷载传递给桩端以下的土,群桩的破坏也类似于整体基础破坏。对桩中心距小于6倍桩径、桩数超过9根(含9根)的摩擦群桩,视为一假想的实体深基础,进行地基承载力验算。

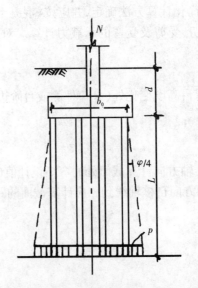

图 3-15 群桩假想实体基础示意图

如图 3-15 所示的群桩,假设作用在桩顶的荷载,从分布在承台最外面的边桩顶开始,以

扩散角 $\theta = \varphi/4$ 向外扩散，若承台下桩边缘所围的面积为 $a_0 \times b_0$，则扩散后假想的实体深基础底面积为

$$A' = \left(a_0 + L\tan\frac{\varphi_0}{4}\right)\left(b_0 + L\tan\frac{\varphi_0}{4}\right)$$

式中 φ_0——桩长 L 范围内各层土的内摩擦角的加权平均值，

$$\varphi_0 = \sum_{i=1}^n \varphi_i h_i \Big/ \sum_{i=1}^n h_i$$

因此，桩端平面处的基底总压力

$$p = \frac{F}{A'} + \gamma_p(d+L) \tag{3-36}$$

必须满足

$$p \leqslant f \tag{3-37}$$

式中 γ_p——假想实体基础底面（即桩端平面）以上土、桩、承台的平均重力密度；

$d+L$——假想实体基础的埋深；

f——实体基础底宽进行深度修正后的实体基底下地基土的承载力设计值。

3.3.6 桩基设计计算的一般步骤

（1）根据地质报告提供的地基土性质，合理选择桩的工作类型（端承桩或摩擦桩）。

（2）根据土层性质和厚度，按式（3-23）试算单桩承载力特征值并确定桩长。

（3）按下式确定桩的数量

$$n = \mu(F+G)/R \tag{3-38}$$

轴压时，取 $\mu = 1.0$；偏压时，取 $\mu = 1.2$。

初步确定桩数 n 后，进行桩的平面布置，再按式（3-26）进行单桩承载力验算；若不满足，需调整桩数，反复验算直至满足为止。

（4）群桩地基承载力验算。

（5）桩基沉降计算。如果桩尖持力层及其下卧层是可以压缩的，或持力层压缩量小而下卧层是软弱的，桩基将会产生沉降。群桩的沉降量大于单桩沉降量，验算其沉降量时，将群桩作为一个实体基础，并采用《建筑地基基础设计规范》（GB 50007—2011）建议的公式进行计算：

$$s = \psi_s s' = \psi_s \sum_{i=1}^n \frac{p_0}{E_{si}}(z_i a_i - z_{i-1} a_{i-1}) \tag{3-39}$$

式中 s——地基最终沉降量（mm）；

s'——按分层总和法计算出的地基沉降量；

ψ_s——沉降计算经验系数，由地区沉降观测资料及经验确定，也可采用《建筑地基基础设计规范》（GB 50007—2011）中表 5.3.5 数值；

n——地基沉降计算深度范围内所划分的土层数（图 3-16）；

p_0——对应于荷载标准值时的基础底面处的附加压力（kPa）；

E_{si}——基础底面下第 i 层土的压缩模量，按实际应力范围取值（kPa）；

z_i、z_{i-1}——基础底面至第 i 层土、第 $i-1$ 层土底面的距离（m）；

a_i、a_{i-1}——基础底面计算点至第 i 层土、第 $i-1$ 层土底面范围内平均附加应力系数，按《建筑地基基础设计规范》（GB 50007—2011）附录 K 采用。

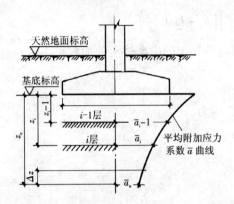

图 3-16　基础沉降计算的分层示意

地基沉降计算深度 z_n 应符合

$$\Delta s'_n \leqslant 0.025 \sum_{i=1}^{n} \Delta s'_i \tag{3-40}$$

式中　$\Delta s'_n$——由计算深度向上取厚度为 Δz 的土层计算沉降值，Δz 由《建筑地基基础设计规范》（GB 50007—2011）表 5.3.7 确定；

　　　$\Delta s'_i$——在计算深度范围内，第 i 层土的计算沉降值。

（6）承台计算，应包括验算承台在上部荷载作用下桩周边的抗冲切强度；验算承台板在单桩最大净反力作用处的抗冲切强度；验算承台在桩的净反力作用下的斜截面承载力；最后，将各桩净反力作用下的承台板，作为受弯构件进行正截面承载力计算并配筋。

3.4　地基变形计算

地基变形计算的目的是为了保证建筑物或构筑物上部结构不出现由于地基沉降而引起的过大变形和妨碍正常使用的裂缝和破损，因此，地基设计时除验算承载力外，必要时还须进行地基变形的验算。

3.4.1　一般规定

（1）建筑物的地基变形计算值，不应大于地基变形允许值。

（2）地基变形特征可分为沉降量、倾斜、局部倾斜。

（3）在计算地基变形时，应符合下列规定。

①由于建筑地基不均匀、荷载差异很大、体型复杂等因素引起的地基变形，对于砌体承重结构应由局部倾斜控制；对于框架结构和单层排架结构应由相邻柱基的沉降差控制；对于多层或高层建筑和高耸结构应由倾斜值控制。

②在必要情况下，需要分别预估建筑物在施工期间和使用期间的地基变形值，以便预留建筑物有关部分之间的净空，考虑连接方法和施工顺序。此时，一般建筑物在施工期间完成的沉降量，对于砂土可认为其最终沉降量已基本完成，对于低压缩性黏土可认为已完成最终沉降量的 50%～80%，对于中压缩黏性土可认为已完成 20%～50%，对于高压缩黏性土可认为已完成 5%～20%。

(4)建筑物的地基变形允许值,可按《建筑地基基础设计规范》(GB 50007—2011)表 5.3.4 规定采用。对于表中未包括的其他建筑物的地基变形允许值,可根据上部结构对地基变形的适应能力和使用要求确定。

3.4.2 地基变形的计算方法

计算地基变形时,地基内的应力分布,可采用各向同性、匀质的直线变形体理论,用分层总和法按如下准则计算:

(1)各层土的变形按各层土中的附加压力及压缩模量计算;

(2)当地基土塑性区深度不超过基础宽度的 1/4 时仍可按本法计算;

(3)基础的最终沉降量按分层总和法计算的地基变形值 s' 乘以经验系数 ψ_s,即式(3-39),这里不再重述;

(4)计算地基沉降时,应考虑相邻荷载的影响,其值可按应力叠加原理,采用角点法计算;

(5)当高层建筑基础形状不规则时,可采用分块集中办法计算基础下的压力分布,并应按刚性基础的变形协调原则调整,分块大小应由计算精度确定。

第 2 部分

钢筋混凝土框架结构设计实例

设计任务书

1. 设计要求

（1）熟悉有关设计规范和施工规定，查阅标准图集及有关参考资料，提高设计能力，独立完成设计任务。

（2）对设计中各个步骤要求设计思路清楚，力学概念明确，设计计算方法正确，计算精度满足工程要求，构造处理得当。

（3）制图严格按照《房屋建筑制图统一标准》（GB/T 50001—2010），《建筑结构制图标准》（GB/T 50105—2010）进行，每张施工图要求布局合理，图面整齐、美观，对建筑结构设计意图表达完整，几何尺寸齐全，线条清晰，图中文字及其数据一律用仿宋字体。

（4）计算以手算为主，对主体结构必须采用电算复核，工程施工图采用计算机绘制。

（5）施工图是工程师的语言，要求：

①表达方法正确、规范，能完整表达设计意图；

②线条清晰、光滑，主次内容分明；

③图面布置恰当，给人以美观、大方之感；

④文字说明简洁，用词准确；

⑤构件代号及表达方式以《建筑结构制图标准》（GB/T 50105—2010）为依据。

（6）所有的构造要求及构造处理（如轴压比，配筋率，锚固长度，搭接或焊接位置及长度，梁、柱端箍筋加密区间长度，箍筋形状，框架节点配筋构造，基础梁，承台及其构造等）均应参考《建筑结构构造资料集（上、下）》且必须满足现行规范的要求。

2. 技术指标

上部主体结构采用钢筋混凝土现浇框架的形式，下部基础采用柱下独立基础。

框架结构抗震性能比较好，整体性好，建筑平面布置灵活，可以用隔断墙分割空间，以适应不同的使用功能的要求。基于这些优点，目前框架结构在办公楼、教学楼、商场、住宅等房屋建筑中经常采用。

采用直线内廊式的布置形式，中间为主楼梯，两端设有附楼梯，以解决垂直方向的交通问题，指标如下。

（1）建设地点：某市。

（2）场地面积：长×宽＝$50×30$ m^2。

（3）建筑面积：4 717.44 m^2。

（4）房屋层数：7 层。

（5）主体结构高度：25.65 m。

（6）抗震设防烈度：7 度。

（7）场地类型：中软场地土，二类建筑场地。

（8）主导风向：东南风。

（9）基本雪压：0.5 kN/m^2。

（10）基本风压：0.35 kN/m^2。

(11)最大降雨量:1 870 mm。

3.设计方案

1)建筑设计部分

根据老师提出的初步平面设计参数,完成从平面到空间的组合设计、立面造型设计、构造设计和施工图设计。施工图的内容包括:各层平面图、立面图、剖面图,楼梯间、卫生间、电梯间及电梯井、阳台、雨篷、门窗等局部的大样及其构造详图。

2)结构设计部分

根据建筑图纸对上部结构和基础进行结构选型和结构布置、各层结构平面布置及设计计算、主体结构内力分析及配筋计算、基础及其他附属结构的设计计算。设计成果分为设计计算说明书和结构施工图两个部分,图纸内容包括:结构平面布置、现浇板的配筋图、框架配筋图、楼梯、电梯井、阳台、雨篷等附属结构件布置及配筋图、基础平面布置及其大样图。

4.完成设计的主要方案

1)结构方案的选择及结构布置

结构方案的选择及结构布置包括:结构方案、结构布置、柱网尺寸及层高、主要结构构件截面尺寸的拟定。

2)主体结构构件基本参数计算

主体结构构件基本参数计算包括:主体结构计算简图及梁、柱线刚度计算。

3)荷载计算

确定框架上的荷载,包括:

(1)恒载计算;

(2)活荷载计算;

(3)风荷载计算;

(4)地震荷载计算(采用底部剪力法)。

以上各荷载均应取标准值进行计算,以便后来进行组合。

4)内力计算

(1)恒荷载作用下的内力计算可以采用分层法或迭代法计算内力,然后考虑梁端弯矩调幅。

(2)活荷载作用下的内力计算可采用下述方法:

①为减少计算工作,可以不考虑活荷载的最不利分布而按满布考虑;

②用分层法、迭代法或导师指定的方法计算内力;

③满布荷载法计算误差的调整(梁跨中弯矩应乘以 1.1 ~ 1.2 的系数予以增大);

④考虑弯矩调幅。

(3)风荷载作用下的内力和位移计算可用 D 值法进行计算。

(4)地震荷载作用下的内力和位移计算可用 D 值法或导师指定的方法进行计算。

5)内力组合

对于高度小于 60 m 的建筑物,可以成为最不利组合的类型包括:

(1)恒载 + 活载;

(2)恒载 + 活载 + 风载;

(3)重力荷载 + 水平地震荷载。

在以上组合中应注意分项系数和组合系数的选用。根据上述组合确定梁、柱端的最不

利内力值 M、V、N，然后根据平衡条件进行校核，并要求梁跨中弯矩不应小于简支梁跨中弯矩的 0.5。

6）主体结构构件配筋计算（框架）

（1）不考虑地震作用的组合内力计算。

（2）考虑地震作用的组合内力计算。

7）框架的侧移验算

（1）顶点位移验算。

（2）层间位移验算。

上述验算为荷载效应标准组合下的内力产生的相对位移，应考虑含地震作用和不含地震作用两种情况。

8）楼面（盖）的设计计算

（1）楼面板的内力和配筋计算。

（2）主、次梁的内力和配筋计算。

9）基础设计计算

（1）除了所计算的框架外，其他柱脚内力可按相应的荷载投影面积近似计算。

（2）基础平面布置。

（3）基础梁（及底板）的内力和配筋计算。

10）其他设计计算

楼梯、雨篷、电梯及附属结构的设计计算。

5. 参考文献

［1］ 丰定国,王社良.抗震结构设计［M］.2 版.武汉:武汉理工大学出版社,2004.

［2］ 吕西林.高层建筑结构［M］.2 版.武汉:武汉理工大学出版社,2003.

［3］ 杨位洸.地基及基础［M］.3 版.北京:中国建筑工业出版社,1998.

［4］ 同济大学,西安建筑科技大学,东南大学,等.房屋建筑学［M］.北京:中国建筑工业出版社,1997.

［5］ 东南大学,同济大学,天津大学.混凝土结构（上册）:混凝土结构设计原理［M］.4 版.北京:中国建筑工业出版社,2008.

［6］ 东南大学,同济大学,天津大学.混凝土结构（中册）:混凝土结构与砌体结构设计［M］.4 版.北京:中国建筑工业出版社,2008.

［7］ 《建筑设计资料集》编委会.建筑设计资料集（8）［M］.北京:中国建筑工业出版社,1996.

［8］ 龙驭球,包世华.结构力学（上册）［M］.2 版.北京:高等教育出版社,1994.

［9］ 龙驭球,包世华.结构力学（下册）［M］.2 版.北京:高等教育出版社,1994.

［10］ 方鄂华.多层及高层建筑结构设计［M］.北京:地震出版社,1992.

［11］ 冯晓宁.AutoCAD2000 中文版绘图教程［M］.北京:科学出版社,2000.

［12］ 中华人民共和国住房和城乡建设部. GB/T 50105—2010 建筑结构制图标准［S］.北京:中国建筑工业出版社,2010.

［13］ 中华人民共和国住房和城乡建设部. GB 50009－2012 建筑结构荷载规范［S］.北京:中国建筑工业出版社,2012.

［14］ 中华人民共和国住房和城乡建设部. GB 50010－2010 混凝土结构设计规范

[S].北京:中国建筑工业出版社,2010.

[15] 中华人民共和国住房和城乡建设部. GB 50007 - 2011 建筑地基基础设计规范[S].北京:中国建筑工业出版社,2011.

[16] 中华人民共和国住房和城乡建设部. GB 50011 - 2010 建筑抗震设计规范[S].北京:中国建筑工业出版社,2010.

[17] 中华人民共和国住房和城乡建设部. GB/T 50104 - 2010 建筑制图标准[S].北京:中国计划出版社,2010.

[18] 中华人民共和国住房和城乡建设部. GB 50099 - 2011 中小学校设计规范[S].北京:中国建筑工业出版社,2011.

[19] 中华人民共和国住房和城乡建设部. GB/T 50001 - 2010 房屋建筑制图统一标准[S].北京:中国计划出版社,2010.

第4章 设计工程概况

4.1 工程概述

建筑类型:七层办公楼,现浇框架填充墙结构。

工程简介:场地面积为 50×30 m²,建筑面积约为 5 000 m²。楼盖及屋盖均采用钢筋混凝土框架结构,现浇楼板厚度取为 100 mm,填充墙采用蒸压粉煤灰加气混凝土砌块。

门窗使用:大门采用玻璃门,其他的为木门,一般门洞尺寸为 1 000 mm × 2 400 mm,窗全部为铝合金窗,高为 2 100 mm

地质条件:经过地质勘探部门的确定,拟建场地土类型为中软场地土,Ⅱ类建筑场地,抗震设防烈度为 7 度。

4.2 结构设计依据

《建筑抗震设计规范》(GB 50011—2010)

《建筑地基基础设计规范》(GB 50007—2011)

《混凝土结构设计规范》(GB 50010—2010)

《建筑结构荷载规范》(GB 50009—2012)

《建筑结构制图标准》(GB/T 50105—2010)

《建筑制图标准》(GB/T 50104—2010)

《中小学校设计规范》(GB 50099—2011)

《混凝土结构施工图平面整体表示方法制图规则和构造详图(现浇混凝土框架、剪力墙、梁、板)》(11G101—1)

《混凝土结构施工图平面整体表示方法制图规则和构造详图(独立基础、条形基础、筏形基础及桩基承台)》(11G101—3)

4.3 材料选用

(1)柱:采用 C30 混凝土,主筋采用 HRB400 钢筋,箍筋采用 HPB235 钢筋。

(2)梁:采用 C30 混凝土,主筋采用 HRB400 钢筋,箍筋采用 HPB235 钢筋。

(3)板:采用 C30 混凝土,钢筋采用 HPB235。

(4)基础:采用 C20 混凝土,主筋采用 HRB335 钢筋,构造钢筋采用 HPB235 钢筋。

第5章　结构方案的选择及结构布置

5.1　结构方案

该教学楼上部主体结构采用钢筋混凝土现浇框架的形式。框架结构抗震比较好,整体性好,建筑平面布置灵活,可以用隔断墙分割空间,以适应不同的使用功能的要求。正是基于这些优点,目前框架结构在办公楼、教学楼、商场、住宅等房屋建筑中经常采用。

5.2　结构布置

楼板的均布活载和恒载间接或直接传至框架梁,再由框架梁传至框架柱,最后传至地基。

根据以上楼盖的平面布置及竖向荷载的传力途径,本教学楼框架的承重方案为横向框架承重,这可使横向框架梁的截面高度大,增加框架的横向侧移刚度。

建筑梁端以及中部均设有楼梯,另外中部楼梯旁设有电梯,以解决垂直交通问题。

建筑结构布置完全对称,对结构设计有利,尤其对抗震有利。

结构布置图如图 5-1 所示。

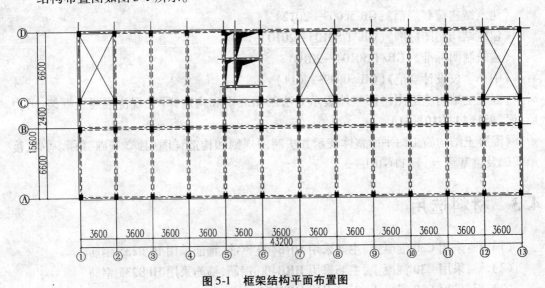

图 5-1　框架结构平面布置图

5.3　柱网尺寸以及层高

本教学楼采用纵向柱距为 3.6 m,横向边跨为 6.6 m,中跨为 2.4 m 的内廊式。

5.4　梁、柱截面尺寸的初步确定

5.4.1　梁截面尺寸的确定

梁截面的高度:一般取为梁跨度的 $1/12 \sim 1/8$。

横向框架梁:边跨梁高 $h = (1/12 \sim 1/8)l = 550 \sim 825$ mm,取为 600 mm,宽 b 为 250 mm。中跨取 $h = 450$ mm,$b = 250$ mm。

纵向框架梁:取 $h = (1/12 \sim 1/8)l = 300 \sim 450$ mm,取为 500 mm,宽 b 为 250 mm。

5.4.2　柱截面尺寸的确定

框架柱的面积根据柱的轴压比确定。

1)柱组合的轴压力设计值

$$N = \beta F g_{\mathrm{E}} n$$

式中　β——柱轴压力增大系数;

　　　F——按简支状态计算柱的负载面积,本方案中边柱及中柱的负载面积分别为 3.6×3.3 m^2 和 3.6×4.5 m^2;

　　　g_{E}——折算后在单位建筑面积上的重力荷载代表值,可近似地取 14 kN/m^2;

　　　n——验算截面以上的楼层层数。

2)柱的截面面积

$$A_{\mathrm{c}} \geqslant N/(u_{\mathrm{N}} f_{\mathrm{c}})$$

式中　u_{N}——轴压比限值,本方案为三级抗震等级,查《建筑抗震设计规范》(GB 50011—2010)可知取为 0.85。

　　　f_{c}——轴心抗压强度设计值,对 C30 查得 $f_{\mathrm{c}} = 14.3$ N/mm^2。

对于边柱:

$$N = \beta F g_{\mathrm{E}} n = 1.3 \times 3.6 \times 3.3 \times 14 \times 10^3 \times 7 = 1\,513.51 \text{ kN}$$

$$A_{\mathrm{c}} \geqslant N/u_{\mathrm{N}} f_{\mathrm{c}} = 1\,513.51 \times 10^3/(14.3 \times 0.85) = 124\,517.48 \text{ kN}$$

对于中柱:

$$N = \beta F g_{\mathrm{E}} n = 1.25 \times 3.6 \times 4.5 \times 14 \times 10^3 \times 7 = 1\,984.5 \text{ kN}$$

$$A_{\mathrm{c}} \geqslant N/u_{\mathrm{N}} f_{\mathrm{c}} = 1\,984.5 \times 10^3/(0.85 \times 14.3) = 163\,266.15 \text{ kN}$$

取柱子尺寸为

上面层:

$$b \times h = 350 \text{ mm} \times 500 \text{ mm}$$

底层:

$$b \times h = 400 \text{ mm} \times 600 \text{ mm}$$

框架梁柱截面尺寸见表 5-1 和表 5-2。

表 5-1　梁的截面尺寸　　　　　　　　　　　　　　　　　　(mm)

层次	混凝土等级	梁($b \times h$)		纵向
		横向		
1	C30	边跨	250×600	250×500
2~7	C30	中跨	250×450	

表 5-2　柱截面尺寸　(mm)

层次	混凝土等级	$b \times h$
1	C30	400×600
2 ~ 6	C30	350×500

5.5　楼板选择

本设计中所有楼板均采用现浇板,板厚均为 100 mm。

5.6　结构横向框架的计算简图

本框架结构采用柱下独立基础,选黏土加碎石层为地基持力层,基础顶面到室内地面 1.50 m。横向框架的计算简图如图 5-2 所示,取顶层柱的形心线作为轴线,2 ~ 7 层柱的高度 取为 3.6 m,底层柱的标高从基础顶面取至底板,$h_1 = 3.6 + 1.50 - 0.1 = 5.00$ m。

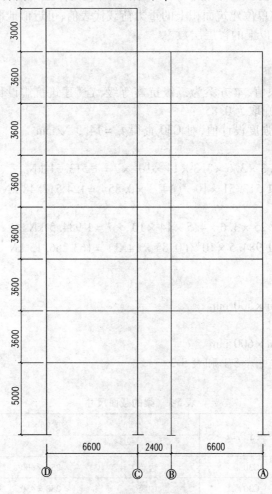

图 5-2　横向框架计算简图

第6章 竖向荷载作用下的内力计算

6.1 计算单元

取⑨轴线处的横向框架为计算单元,计算单元的宽度为 3.6 m。直接传给该框架的楼面荷载如图 6-1 中竖向阴影部分所示。由于纵向框架梁的中心线与柱子的中心线不重合,因此在框架节点上还作用有集中力矩。

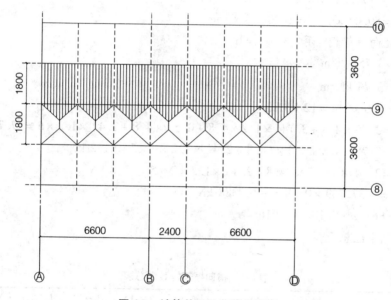

图 6-1 计算单元及荷载传递图

6.2 恒荷载计算

恒荷载作用下各层框架梁上的荷载分布如图 6-2 所示。

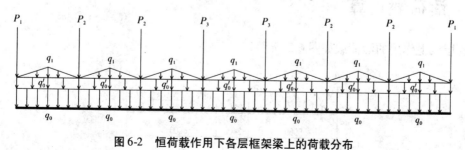

图 6-2 恒荷载作用下各层框架梁上的荷载分布

1.一至六层竖向恒荷载计算

q_0、q_0' 代表横梁自重,为均布荷载形式。

$$q_0 = 3.75 + 2.984 \times (3.6 - 0.6) = 12.702 \text{ kN/m}$$

$$q_0' = 3.75 \text{ kN/m}$$

q_1 为屋面板和走道板传给横梁的梯形荷载和三角形荷载。

$$q_1 = 3.25 \times 2.4 = 7.8 \text{ kN/m}$$

P_1、P_2 分别由边纵梁、中纵梁直接传给柱的恒载,P_3 为次梁传给主梁的集中力荷载。

$$P_1 = 3.75 \times 4.8 + 3.144 \times (3.6 - 0.6) \times 4.8 + 0.5 \times (4.8 + 2.4) \times 1.2 \times 3.25 = 77.314 \text{ kN}$$

$$P_2 = 3.75 \times 4.8 + 2.984 \times (3.6 - 0.6) \times 4.8 + 0.5 \times (4.8 + 2.4) \times 1.2 \times 2 \times 3.25 = 89.05 \text{ kN}$$

$$P_3 = 2 \times 4.8 + 0.5 \times (4.8 + 2.4) \times 1.2 \times 2 \times 3.25 = 37.68 \text{ kN}$$

M_1、M_2 为 P_1、P_2 偏心产生的弯矩。

$$M_1 = -77.314 \times 0.18 = -13.917 \text{ kN} \cdot \text{m}$$

$$M_2 = 89.05 \times 0.18 = 16.029 \text{ kN} \cdot \text{m}$$

2. 七层竖向恒荷载计算

$$q_0 = 3.75 \text{ kN/m}$$

$$q_0' = 3.75 \text{ kN/m}$$

$$q_1 = 5.0 \times 2.4 = 12 \text{ kN/m}$$

$$P_1 = 3.75 \times 4.8 + 3.144 \times 1.2 \times 4.8 + 0.5 \times (4.8 + 2.4) \times 1.2 \times 5 = 57.709 \text{ kN}$$

$$P_2 = 3.75 \times 4.8 + 0.5 \times (4.8 + 2.4) \times 1.2 \times 2 \times 5 = 61.2 \text{ kN}$$

$$P_3 = 2 \times 4.8 + 0.5 \times (4.8 + 2.4) \times 1.2 \times 2 \times 5 = 52.8 \text{ kN}$$

$$M_1 = -57.709 \times 0.18 = -10.388 \text{ kN} \cdot \text{m}$$

$$M_2 = 61.2 \times 0.18 = 11.016 \text{ kN} \cdot \text{m}$$

将计算结果汇总于表6-1。

表6-1 横向框架恒载汇总表

层次	q_0/(kN/m)	q_0'/(kN/m)	q_1/(kN/m)	P_1/(kN)	P_2/(kN)	P_3/(kN)	M_1/(kN·m)	M_2/(kN·m)
7	3.75	3.75	12	57.709	61.2	52.8	−10.388	11.016
1~6	12.702	3.75	7.8	77.314	89.05	37.68	−13.917	16.029

6.3 活荷载计算

各层梁上作用的活荷载如图6-3所示。

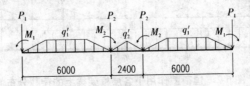

图6-3 各层梁上作用的活荷载

楼面活荷载计算如下:

$$q_1' = 2.0 \times 2.4 = 4.8 \text{ kN/m}$$

$$P_1 = 0.5 \times (2.4 + 4.8) \times 1.2 \times 2 = 8.64 \text{ kN}$$

$$P_2 = 0.5 \times (4.8 + 2.4) \times 1.2 \times 2 \times 2 = 17.28 \text{ kN}$$

$$P_3 = 0.5 \times (4.8 + 2.4) \times 1.2 \times 2 \times 2 = 17.28 \text{ kN}$$

$$M_1 = -8.64 \times 0.18 = -1.556 \text{ kN} \cdot \text{m}$$

$$M_2 = 17.28 \times 0.18 = 3.110 \text{ kN} \cdot \text{m}$$

在屋面雪荷载作用下的荷载计算如下:

$$q_1' = 0.25 \times 2.4 = 0.6 \text{ kN/m}$$

$$P_1 = 0.5 \times (2.4 + 4.8) \times 1.2 \times 0.25 = 1.08 \text{ kN}$$

$$P_2 = 0.5 \times (4.8 + 2.4) \times 1.2 \times 2 \times 0.25 = 2.16 \text{ kN}$$

$$P_3 = 0.5 \times (4.8 + 2.4) \times 1.2 \times 2 \times 0.25 = 2.16 \text{ kN}$$

$$M_1 = -1.08 \times 0.18 = -0.194 \text{ kN} \cdot \text{m}$$

$$M_2 = 2.16 \times 0.18 = 0.389 \text{ kN} \cdot \text{m}$$

将计算结果汇总于表 6-2。

表 6-2　横向框架活载汇总表

层次	$q_1'/(\text{kN/m})$	$P_1/(\text{kN})$	$P_2/(\text{kN})$	$P_3/(\text{kN})$	$M_1/(\text{kN} \cdot \text{m})$	$M_2/(\text{kN} \cdot \text{m})$
7	4.8(0.6)	8.64(1.08)	17.28(2.16)	17.28(2.16)	1.56(0.20)	3.11(0.39)
1~6	4.8	8.64	17.28	17.28	1.56	3.11

注:括号内数值为雪荷载作用下的情况。

6.4　恒荷载作用下的内力计算(用力矩二次分配法计算恒载作用下框架的弯矩)

1. 计算等效均布荷载

将梯形或三角形分布荷载按固端弯矩等效的原则折算成均布荷载,如图 6-4 所示。

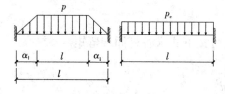

图 6-4　竖向荷载等效

梯形荷载折算公式:

$$p_e = (1 - 2\alpha_1^2 + \alpha_1^3) p'$$

式中　p'——梯形分布荷载的最大值。

$$\alpha_1 = \frac{l_{01}}{l_{02}} \times \frac{1}{2}$$

式中　l_{01}——短跨长度；

　　　l_{02}——长跨长度。

三角形荷载折算公式：

$$p_e = \frac{5}{8} p'$$

式中　p'——三角形分布荷载的最大值。

横向框架恒载的等效均布荷载计算如下。

（1）顶层边跨：

$$\alpha_1 = \frac{3\,600}{6\,600} \times \frac{1}{2} = 0.273$$

$$q_b = 3.92 + (1 - 2 \times 0.273^2 + 0.273^3) \times 20.77 = 22.02 \text{ kN/m}$$

（2）顶层中跨：

$$q_z = 2.81 + \frac{5}{8} \times 13.85 = 11.47 \text{ kN/m}$$

（3）中间层边跨：

$$\alpha_1 = \frac{3\,600}{6\,600} \times \frac{1}{2} = 0.273$$

$$q_b = 10.57 + (1 - 2 \times 0.273^2 + 0.273^3) \times 12.42 = 21.39 \text{ kN/m}$$

（4）中间层中跨：

$$q_z = 2.81 + \frac{5}{8} \times 8.28 = 7.99 \text{ kN/m}$$

横向框架恒载的等效均布荷载计算结果见表 6-3。

表 6-3　横向框架恒载的等效均布荷载

层次	$q_1/(\text{kN/m})$	$q_1'/(\text{kN/m})$	$q_2/(\text{kN/m})$	$q_2'/(\text{kN/m})$	$q_b/(\text{kN/m})$	$q_z(\text{kN/m})$
7	3.92	2.81	20.77	13.85	22.02	11.47
1~6	10.57	2.81	12.42	8.28	21.39	7.99

2.各杆的固端弯矩

由以上所求均布荷载,可按下式求各杆固端弯矩。

两段固支：

$$m_{AB} = -m_{BA} = -\frac{ql^2}{12}$$

其中,m_{AB} 与 m_{BA} 意义如图 6-5 所示。

一端固支,一端滑动固支：

$$m_{AB} = -\frac{ql^2}{3}, \quad m_{BA} = -\frac{ql^2}{6}$$

其中,m_{AB} 与 m_{BA} 意义如图 6-6 所示。

由此,可计算各个杆件固端弯矩,将结果标绘于计算简图上。

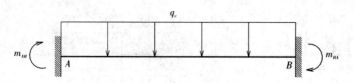

图 6-5 固端弯矩示意图 1

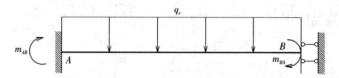

图 6-6 固端弯矩示意图 2

3. 分配系数

经过观察,发现第⑨轴横向框架为对称结构,且受对称荷载的作用,所以可以取一半结构计算;要注意,接头处简化为滑动支座,由此带来跨中梁线刚度增大一倍,且分配系数有所不同。

分配系数计算公式:

$$\mu_i = \frac{S_i}{\sum\limits_{i=1}^{n} S_i}$$

式中 S_i——转动刚度,两端固支杆 $S_i = 4i$,一端固支一端滑动固支杆 $S_i = i$;

n——该节点所连接的杆件数。

由此计算出各个杆件分配系数,将其标绘于计算简图上,然后利用力矩二次分配法计算第⑨轴框架杆端弯矩。

注:图中单线表示第一次分配结果,双线表示第二次分配结果。节点外弯矩以顺时针为正,逆时针为负,标绘于计算简图上。

4. 计算过程

弯矩二次分配法的计算过程如图 6-7 所示。恒荷载作用下的弯矩图如图 6-8 所示。

5. 梁端剪力

梁端剪力示意图如图 6-9 所示。

梁端剪力计算公式如下:

$$V_b^l = \frac{ql}{2} + \frac{1}{l}(|M_b^l| - |M_b^r|)$$

$$V_b^r = \frac{ql}{2} - \frac{1}{l}(|M_b^l| - |M_b^r|)$$

式中 V_b^l——梁左端剪力;

V_b^r——梁右端剪力;

M_b^l——梁左端弯矩;

M_b^r——梁右端弯矩。

下面以恒载作用下,第 7 层梁端剪力和柱轴力为例,说明计算过程。

上柱	下柱	左梁		左梁	上柱	下柱	右梁
	0.426	0.574		0.430		0.320	0.250
	−4.98	−79.93		79.93	5.82	−5.51	−2.75
	31.93	43.02		−29.50		−21.95 −17.15	17.15
	10.62	−14.75		21.51		−7.97	
	1.76	2.37		−5.82		−4.33 −3.39	3.39
	44.31	49.29		66.12		−34.25 −26.05	17.79
0.299	0.299	0.402		0.326	0.242	0.242 0.189	
	−6.66	−77.65		77.65	7.94	−3.84	−1.92
21.23	21.23	28.54		−21.47 −15.94		−15.94 −12.45	12.45
15.97	10.62	−10.74		14.27 −10.98		−7.97	
−4.74	−4.74	−6.37		1.53 1.13		1.13 0.88	−0.88
32.46	27.11	−66.22		71.98 −25.79		−22.78 −15.41	9.65
0.299	0.299	0.402		0.326	0.242	0.242 0.189	
	−6.66	−77.65		77.65	7.94	−3.84	−1.92
21.23	21.23	28.54		−21.47 −15.94		−15.94 −12.45	12.45
10.62	10.62	−10.74		14.27 −7.97		−7.97	
−3.14	−3.14	−4.22		0.54 0.40		0.40 0.32	−0.32
28.71	28.71	−64.07		70.99 −23.51		−23.51 −15.97	10.21
0.299	0.299	0.402		0.326	0.242	0.242 0.189	
	−6.66	−77.65		77.65	7.94	−3.84	−1.92
21.23	21.23	28.54		−21.47 −15.94		−15.94 −12.45	12.45
10.62	10.62	−10.74		14.27 −7.97		−7.97	
−3.14	−3.14	−4.22		0.54 0.40		0.40 0.32	−0.32
28.71	28.71	−64.07		70.99 −23.51		−23.51 −15.97	10.21
0.299	0.299	0.402		0.326	0.242	0.242 0.189	
	−6.66	−77.65		77.65	7.94	−3.84	−1.92
21.23	21.23	28.54		−21.47 −15.94		−15.94 −12.45	12.45
10.62	10.62	−10.74		14.27 −7.97		−7.97	
−3.14	−3.14	−4.22		0.54 0.40		0.40 0.32	−0.32
28.71	28.71	−64.07		70.99 −23.51		−23.51 −15.97	10.21
0.299	0.299	0.402		0.326	0.242	0.242 0.189	
	−6.66	−77.65		77.65	7.94	−3.84	−1.92
21.23	21.23	28.54		−21.47 −15.94		−15.94 −12.45	12.45
10.62	8.75	−10.74		14.27 −7.97		−6.61	
−2.58	−2.58	−3.47		0.10 0.08		0.08 0.06	−0.06
29.27	27.40	−63.32		70.55 −23.83		−22.47 −16.23	10.47
0.266	0.377	0.357		0.296	0.220	0.312 0.172	
	−11.90	−77.65		77.65	13.73	−3.84	−1.92
17.49	24.79	23.47		−17.78 −13.22		−18.74 −10.33	10.33
10.62		−8.89		11.74 −7.97			
−0.46	−0.65	−0.62		−1.12 −0.83		−1.18 −0.65	0.65
27.65	24.14	−63.69		70.49 −22.02		−19.92 −14.82	9.36
	12.07					−9.96	

图 6-7 弯矩二次分配法的计算过程

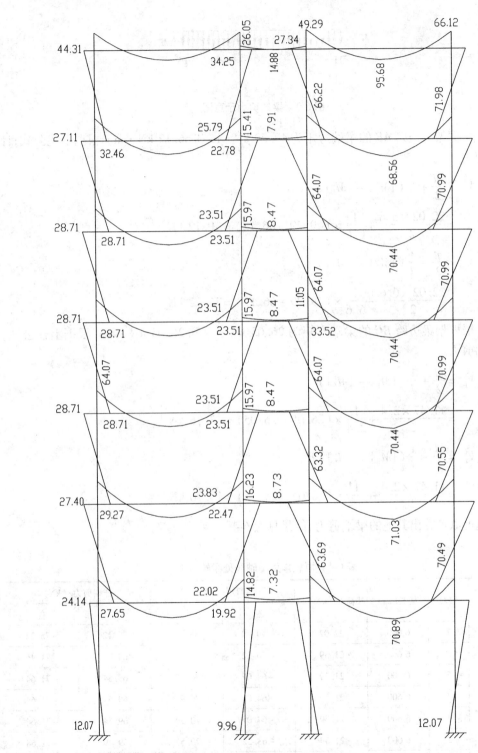

图 6-8　恒荷载作用下的弯矩图

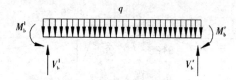

图 6-9　梁端剪力示意图

第 7 层框架梁边跨 AB 的梁端弯矩为 49.29 kN·m 和 66.12 kN·m。根据上述公式,计算梁端剪力:

$$V_b^l = \frac{ql}{2} + \frac{1}{l}(|M_b^l| - |M_b^r|)$$

$$= \frac{22.02 \times 6.6}{2} + \frac{1}{6.6} \times (49.29 - 66.12) = 70.12 \text{ kN}$$

$$V_b^r = \frac{ql}{2} - \frac{1}{l}(|M_b^l| - |M_b^r|)$$

$$= \frac{22.02 \times 6.6}{2} - \frac{1}{6.6} \times (49.29 - 66.12) = 75.22 \text{ kN}$$

第 7 层框架梁边跨 BC 的梁端弯矩为 26.05 kN·m 和 26.05 kN·m。根据上述公式,计算梁端剪力:

$$V_b^l = \frac{ql}{2} + \frac{1}{l}(|M_b^l| - |M_b^r|)$$

$$= \frac{11.47 \times 2.4}{2} + \frac{1}{2.4} \times (26.05 - 26.05) = 13.76 \text{ kN}$$

$$V_b^r = \frac{ql}{2} - \frac{1}{l}(|M_b^l| - |M_b^r|)$$

$$= \frac{11.47 \times 2.4}{2} - \frac{1}{2.4} \times (26.05 - 26.05) = 13.76 \text{ kN}$$

同理可以计算出其他的梁端剪力,结果见表 6-4。

表 6-4　恒载作用下轴线处梁端剪力

梁类型	层号	梁长/mm	外荷 q/(kN/m)	固端弯矩/(kN·m)		杆端剪力/(kN)	
				左	右	左	右
边跨	7	6 600	22.02	−49.29	66.12	70.12	−75.22
	6	6 600	21.39	−66.22	71.98	69.71	−71.46
	5	6 600	21.39	−64.07	70.99	69.54	−71.64
	4	6 600	21.39	−64.07	70.99	69.54	−71.64
	3	6 600	21.39	−64.07	70.99	69.54	−71.64
	2	6 600	21.39	−63.32	70.55	69.49	−71.68
	1	6 600	21.39	−63.69	70.49	69.56	−71.62

续表

梁类型	层号	梁长/mm	外荷 q/(kN/m)	固端弯矩/(kN·m)		杆端剪力/(kN)	
				左	右	左	右
中跨	7	2 400	11.47	−26.05	26.05	13.76	−13.76
	6	2 400	7.99	−15.41	15.41	9.59	−9.59
	5	2 400	7.99	−15.97	15.97	9.59	−9.59
	4	2 400	7.99	−15.97	15.97	9.59	−9.59
	3	2 400	7.99	−15.97	15.97	9.59	−9.59
	2	2 400	7.99	−16.23	16.23	9.59	−9.59
	1	2 400	7.99	−14.82	14.82	9.59	−9.59

6. 轴力计算

根据配筋计算需要,只需求出柱的轴力即可,而不需求出梁轴力。

1. 第7层框架柱边柱(A柱)的柱端剪力

1)柱顶轴力

上部结构传来的轴力

$P = 39.84$ kN

柱顶轴力

$N = 39.84 + 69.36 = 109.20$ kN

2)柱底轴力

上部结构传来的轴力

$P = 39.84 + (15.75 + 0.8) = 56.39$ kN

柱底轴力

$N = 56.39 + 69.36 = 125.75$ kN

2. 第7层框架柱中柱(C柱)的柱端剪力

1)柱顶轴力

上部结构传来的轴力

$P = 46.50$ kN

柱顶轴力

$N = 75.22 + 13.76 + 46.50 = 135.48$ kN

2)柱底轴力

上部结构传来的轴力

$P = 46.50 + (15.75 + 0.8) = 63.05$ kN

柱底轴力

$N = 75.22 + 13.76 + 63.05 = 152.03$ kN

其他各层梁端剪力和柱轴力见表6-5。

表6-5　恒载作用下柱中轴力

柱类型	层号	柱顶集中力/kN	邻梁剪力/kN		柱中轴力/kN	
			左梁	右梁	柱顶	柱底
D柱	7	39.48	70.12	0	109.96	126.51
	6	53.30	69.71	0	231.12	248.67
	5	53.30	69.54	0	353.96	370.51
	4	53.30	69.54	0	476.80	493.35
	3	53.30	69.54	0	599.64	616.19
	2	53.30	69.49	0	722.43	738.98
	1	68.01	69.56	0	860.00	891.53
C柱	7	46.50	75.22	13.76	135.48	152.03
	6	63.48	71.46	9.59	280.01	296.56
	5	63.48	71.64	9.59	424.72	441.27
	4	63.48	71.64	9.59	569.43	585.98
	3	63.48	71.64	9.59	714.14	730.69
	2	63.48	71.68	9.59	858.89	875.44
	1	78.44	71.62	9.59	1 018.54	1 050.34

7. 跨中弯矩的计算

跨中弯矩根据所求得的梁端弯矩和剪力,按照各跨的实际荷载分布情况由平衡条件求得,现在以顶层边跨为例,说明其计算过程。

跨中弯矩计算简图如图6-10所示。

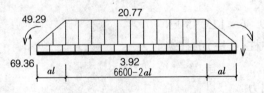

图6-10　跨中弯矩计算简图

由平衡条件可得:

$$M_{中} - 49.29 + 69.36 \times 3.3 - 3.92 \times \frac{3.3}{2} - \frac{0.273 \times 6.6}{2} \times 20.77 \times$$

$$\left(3.3 - \frac{2 \times 6.6 \times 2 \times 0.273}{3}\right) - 20.77 \times \frac{(3.3 - 6.6 \times 0.273)^2}{2} = 0$$

$M_{中} = -135.53$ kN·m(顺时针为正)

同理,可计算出其他的跨中弯矩,结果见表6-6。

表6-6 恒荷载作用下的跨中弯矩

层次	恒载作用下	
	CD 跨	BC 跨
7	-135.53	14.88
6	-68.56	7.91
5	-70.44	8.47
4	-70.44	8.47
3	-70.44	8.47
2	-71.03	8.73
1	-70.89	7.32

8. 柱的杆端剪力

已知柱的两端弯矩,且柱高范围内无其他横向力,可以根据以下公式计算柱的杆端剪力:

$$V_{u} = V_{b} = \frac{\sum M}{l_{c}}$$

式中　V_{u}——柱上端剪力;

$\quad\quad$ V_{b}——柱下端剪力;

$\quad\quad$ l_{c}——柱高;

$\quad\quad$ M——固端弯矩。

恒载作用下轴线处柱端剪力见表6-7。

表6-7 恒载作用下轴线处柱端剪力

柱类型	层号	柱高/m	固端弯矩/(kN·m)		杆端剪力/(kN)	
			上	下	上	下
	7	3.6	44.31	32.46	-21.33	-21.33
	6	3.6	27.11	28.71	-15.51	-15.51
	5	3.6	28.71	28.71	-15.95	-15.95
D轴柱	4	3.6	28.71	28.71	-15.95	-15.95
	3	3.6	28.71	29.27	-16.11	-16.11
	2	3.6	27.40	27.65	-15.29	-15.29
	1	5.0	24.14	12.07	-7.24	-7.24
	7	3.6	-34.25	-25.79	16.68	16.68
	6	3.6	-22.78	-23.51	12.86	12.86
	5	3.6	-23.51	-23.51	13.06	13.06
B轴柱	4	3.6	-23.51	-23.51	13.06	13.06
	3	3.6	-23.51	-23.83	13.15	13.15
	2	3.6	-22.47	-22.02	12.36	12.36
	1	5.0	-19.92	-9.96	5.98	5.98

恒荷载作用下的剪力图如图 6-11 所示。

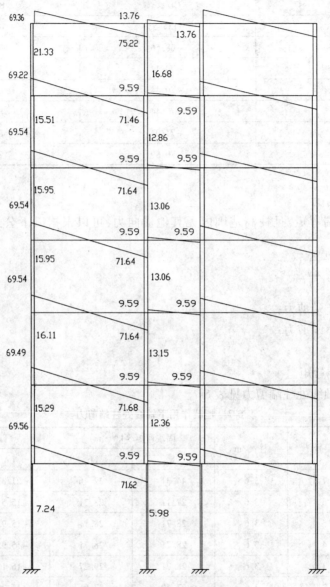

图 6-11　恒荷载作用下的剪力图

恒荷载作用下的轴力图如图 6-12 所示。

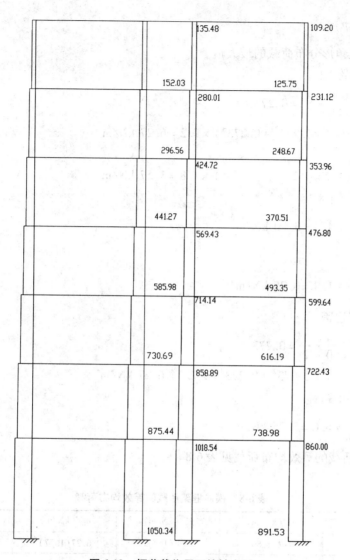

图 6-12　恒荷载作用下的轴力图

6.5　活荷载作用下的内力计算

1. 计算等效均布荷载

将梯形或三角形分布荷载按固端弯矩等效的原则折算成均布荷载。

梯形荷载折算公式：

$$p_e = (1 - 2\alpha_1^2 + \alpha_1^3)p'$$

式中　p'——梯形分布荷载的最大值。

$$\alpha_1 = \frac{l_{01}}{l_{02}} \times \frac{1}{2}$$

三角形荷载折算公式：

$$p_c = \frac{5}{8} p'$$

式中 p'——三角形分布荷载的最大值。

(1)顶层边跨:

$$\alpha_1 = \frac{3\ 600}{6\ 600} \times \frac{1}{2} = 0.273$$

$$q_b = (1 - 2 \times 0.273^2 + 0.273^3) \times 7.2 = 6.27\ kN/m$$

雪荷载:

$$q_b = (1 - 2 \times 0.273^2 + 0.273^3) \times 1.8 = 1.57\ kN/m$$

(2)顶层中跨:

$$q_z = \frac{5}{8} \times 4.8 = 3.00\ kN/m$$

雪荷载:

$$q_z = \frac{5}{8} \times 1.2 = 0.75\ kN/m$$

(3)中间层边跨:

$$\alpha_1 = \frac{3\ 600}{6\ 600} \times \frac{1}{2} = 0.273$$

$$q_b = (1 - 2 \times 0.273^2 + 0.273^3) \times 7.2 = 6.27\ kN/m$$

(4)中间层中跨:

$$q_z = \frac{5}{8} \times 6.0 = 3.75\ kN/m$$

横向框架活载的等效均布荷载见表6-8。

表6-8 横向框架活载的等效均布荷载

层次	$p_1'/(kN/m)$	$p_2'/(kN/m)$	$q_b/(kN/m)$	$q_z/(kN/m)$
7	7.2(1.8)	4.8(1.2)	6.27(1.57)	3.00(1.75)
1~6	7.2	6.0	6.27	3.75

注:表中括号内的数值对应于雪荷载作用下的情况。

2.计算固端弯矩

由以上所求均布荷载,可按下式求各杆固端弯矩。

两端固支:

$$m_{AB} = -m_{BA} = -\frac{ql^2}{12}$$

其中,m_{AB} 与 m_{BA} 意义如图6-5所示。

一端固支,一端滑动固支:

$$m_{AB} = -\frac{ql^2}{3}, \quad m_{BA} = -\frac{ql^2}{6}$$

其中,m_{AB} 与 m_{BA} 意义如图6-6所示。

由此,可计算各个杆件固端弯矩,将结果标绘于计算简图上。

3. 分配系数

经分析,可知第⑨轴横向框架为对称结构,且受对称荷载的作用,所以可以取一半结构计算;要注意到,接头处简化为滑动支座,由此带来跨中梁线刚度增大一倍,且分配系数有所不同。

分配系数计算公式:

$$\mu_i = \frac{S_i}{\sum\limits_{i=1}^{n} S_i}$$

式中 S_i——转动刚度,两端固支杆 $S_i = 4i$,一端固支一端滑动固支杆 $S_i = i$;

n——该节点所连接的杆件数。

由此计算出各个杆件分配系数,将其标绘于计算简图上,然后利用力矩二次分配法计算第⑨轴框架杆端弯矩,结果见图 6-13。

注:图中单线条表示第一次分配结果,双线条表示第二次分配结果。节点外弯矩以顺时针为正,逆时针为负,标绘于计算简图上。

4. 计算过程

弯矩二次分配法计算过程如图 6-13 所示。活荷载作用下的弯矩图如图 6-14 所示。

5. 梁端剪力

梁端剪力示意图如图 6-9 所示。

$$V_b^l = \frac{ql}{2} + \frac{1}{l}(|M_b^l| - |M_b^r|)$$

$$V_b^r = \frac{ql}{2} - \frac{1}{l}(|M_b^l| - |M_b^r|)$$

式中 V_b^l——梁左端剪力;

V_b^r——梁右端剪力;

M_b^l——梁左端弯矩;

M_b^r——梁右端弯矩。

下面以活载作用下第 7 层梁端剪力和柱轴力为例,说明计算过程。

第 7 层框架梁边跨 AB 的梁端弯矩为 13.86 kN·m 和 18.84 kN·m。根据上述公式,计算梁端剪力:

$$V_b^l = \frac{ql}{2} + \frac{1}{l}(|M_b^l| - |M_b^r|)$$

$$= \frac{6.27 \times 6.6}{2} + \frac{1}{6.6}(13.86 - 18.84) = 19.94 \text{ kN}$$

$$V_b^r = \frac{ql}{2} - \frac{1}{l}(|M_b^l| - |M_b^r|)$$

$$= \frac{6.27 \times 6.6}{2} - \frac{1}{6.6}(13.86 - 18.84) = 21.45 \text{ kN}$$

上柱	下柱	左梁		左梁	上柱	下柱	右梁
0.426	0.574			0.430		0.320	0.250
-0.81	-22.76			22.76	1.53		-1.44	-0.72
9.35	12.60			-8.51		-6.33	-4.95	4.95
3.28	-4.26			6.30		-2.33		
0.42	0.56			-1.71		-1.27	-0.99	0.99
13.05	-13.86			18.84		-9.93	-7.38	5.22
0.299	0.299	0.402		0.326	0.242	0.242	0.189
	-0.81	-22.76		22.76	1.71		-1.8	-1.92
6.56	6.56	8.82		-6.28	-4.66	-4.66	-3.64	3.64
4.68	3.28	-3.14		4.41	-3.17	-2.33		
-1.44	-1.44	-1.94		0.36	0.26	0.26	0.21	-0.21
9.80	8.40	-19.02		21.25	-7.57	-6.73	-5.23	1.51
0.299	0.299	0.402		0.326	0.242	0.242	0.189
	-0.81	-22.76		22.76	1.71		-1.80	-1.92
6.56	6.56	8.82		-6.28	-4.66	-4.66	-3.64	3.64
3.28	3.28	-3.14		4.41	-2.33	-2.33		
-1.02	-1.02	-1.37		0.08	0.06	0.06	0.05	-0.05
8.82	8.82	-18.45		20.97	-6.93	-6.93	-5.39	1.67
0.299	0.299	0.402		0.326	0.242	0.242	0.189
	-0.81	-22.76		22.76	1.71		-1.80	-1.92
6.56	6.56	8.82		-6.28	-4.66	-4.66	-3.64	3.64
3.28	3.28	-3.14		4.41	-2.33	-2.33		
-1.02	-1.02	-1.37		0.08	0.06	0.06	0.05	-0.05
8.82	8.82	-18.45		20.97	-6.93	-6.93	-5.39	1.67
0.299	0.299	0.402		0.326	0.242	0.242	0.189
	-0.81	-22.76		22.76	1.71		-1.80	-1.92
6.56	6.56	8.82		-6.28	-4.66	-4.66	-3.64	3.64
3.28	3.28	-3.14		4.41	-2.33	-2.33		
-1.02	-1.02	-1.37		0.08	0.06	0.06	0.05	-0.05
8.82	8.82	-18.45		20.97	-6.93	-6.93	-5.39	1.67
0.299	0.299	0.402		0.326	0.242	0.242	0.189
	-0.81	-22.76		22.76	1.71		-1.80	-1.92
6.56	6.56	8.82		-6.28	-4.66	-4.66	-3.64	3.64
3.28	2.87	-3.14		4.41	-2.33	-2.04		
-0.90	-0.90	-1.21		0.01	0.01	0.01	0.01	-0.01
8.94	8.53	-18.29		20.90	-6.98	-6.69	-5.43	1.71
0.266	0.377	0.357		0.296	0.220	0.312	0.172
	-1.13	-22.67		22.67	2.39		-1.80	-1.92
5.73	8.12	7.69		-5.47	-4.07	-5.77	-3.18	3.18
3.28		-2.74		3.85	-2.33			
-0.14	-0.20	-0.19		-0.45	-0.11	-0.47	-0.26	0.26
8.87	7.92	-17.91		20.60	-6.51	-6.24	-5.24	1.52
	3.96					-3.12		

图 6-13 弯矩二次分配法计算过程

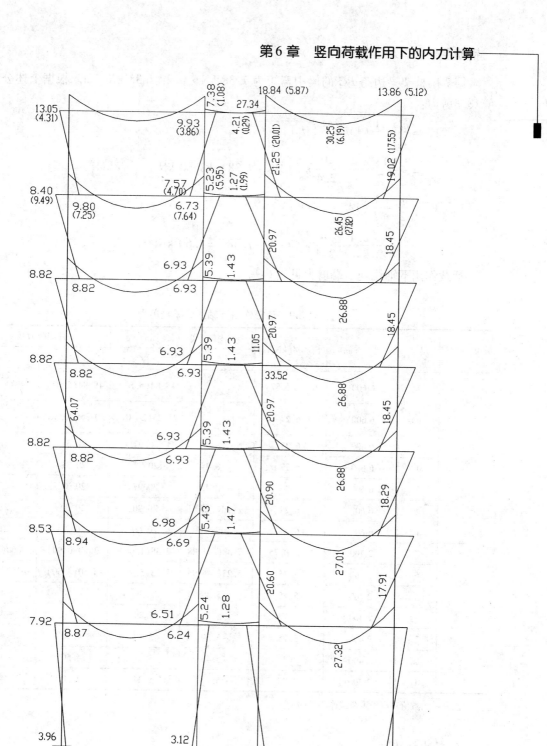

图 6-14　活荷载作用下的弯矩图

（注：括号内数值对应于雪荷载作用下的情况）

第 7 层框架梁边跨 BC 的梁中弯矩为 7.38 kN·m 和 7.38 kN·m。根据上述公式,计算梁端剪力:

$$V_b^l = \frac{ql}{2} + \frac{1}{l}(\,|M_b^l| - |M_b^r|\,)$$

$$= \frac{3.00 \times 2.4}{2} + \frac{1}{2.4} \times (7.38 - 7.38) = 3.60 \text{ kN}$$

$$V_b^r = \frac{ql}{2} - \frac{1}{l}(\,|M_b^l| - |M_b^r|\,)$$

$$= \frac{3.00 \times 2.4}{2} - \frac{1}{2.4} \times (7.38 - 7.38) = 3.60 \text{ kN}$$

活载作用下轴线处梁端剪力见表 6-9。

表 6-9　活载作用下轴线处梁端剪力

梁类型	层号	梁长/mm	外荷 q/(kN/m)	固端弯矩/(kN·m)		杆端剪力/kN	
				左	右	左	右
边跨	7	6 600	6.27(1.57)	-13.86 (-5.12)	18.84(5.87)	19.94(5.07)	-21.45 (-5.29)
	6	6 600	6.27	-19.02 (-17.55)	21.25(20.01)	20.35(20.32)	-22.92 (-21.06)
	5	6 600	6.27	-18.45	20.97	20.31	-21.07
	4	6 600	6.27	-18.45	20.97	20.31	-21.07
	3	6 600	6.27	-18.45	20.97	20.31	-21.07
	2	6 600	6.27	-18.29	20.90	20.30	-21.09
	1	6 600	6.27	-17.91	20.60	20.28	-21.10
中跨	7	2 400	3.00(0.75)	-7.38(-1.08)	7.38(1.08)	3.60(0.90)	-3.60(-0.90)
	6	2 400	3.75	-5.23(-5.95)	5.23(5.95)	4.50(4.50)	-4.50(-4.50)
	5	2 400	3.75	-5.39	5.39	4.50	-4.50
	4	2 400	3.75	-5.39	5.39	4.50	-4.50
	3	2 400	3.75	-5.39	5.39	4.50	-4.50
	2	2 400	3.75	-5.43	5.43	4.50	-4.50
	1	2 400	3.75	-5.24	5.24	4.50	-4.50

注:括号内数值对应于雪荷载作用下的情况。

6. 轴力计算

轴力计算方法同恒荷载,柱中轴力沿柱子不变。

活载作用下柱中轴力见表 6-10。

表 6-10　活载作用下柱中轴力

柱类型	层号	柱顶集中力 /kN	邻梁剪力/kN		柱中轴力/kN
			左梁	右梁	
D 柱	7	6.48(1.62)	0	19.94(5.07)	26.42(6.69)
	6	6.48	0	20.35(20.32)	53.25(33.49)
	5	6.48	0	20.31	80.04
	4	6.48	0	20.31	106.83
	3	6.48	0	20.31	133.62
	2	6.48	0	20.30	160.40
	1	6.48	0	20.28	187.16
C 柱	7	12.24(3.06)	−21.45(−5.29)	3.60(0.90)	37.29(9.25)
	6	13.68	−22.92(−21.06)	4.50(4.50)	78.39(48.49)
	5	13.68	−21.07	4.50	117.64
	4	13.68	−21.07	4.50	156.89
	3	13.68	−21.07	4.50	196.14
	2	13.68	−21.09	4.50	235.41
	1	13.68	−21.10	4.50	274.69

注:括号内数值对应于雪荷载作用下的情况。

7. 跨中弯矩的计算

跨中弯矩的计算方法同恒荷载作用下的跨中弯矩计算,计算结果见表 6-11。

表 6-11　活荷载作用下的跨中弯矩

层次	活荷载作用下	
	CD 跨	BC 跨
7	−30.25(−6.19)	4.21(0.29)
6	−26.45(−27.82)	1.27(1.99)
5	−26.88	1.43
4	−26.88	1.43
3	−26.88	1.43
2	−27.01	1.47
1	−27.32	1.28

注:括号内数值对应于雪荷载作用下的情况。

8. 柱的杆端弯矩的计算

柱的杆端弯矩的计算方法同恒荷载作用下的跨中弯矩计算,计算结果见表 6-12。

表 6-12　活载作用下轴线处柱端剪力

柱类型	层号	柱高/m	固端弯矩/(kN·m)		杆端剪力/kN	
			上	下	上	下
	7	3.6	13.05	9.80	−6.35	−6.35
	6	3.6	8.40	8.82	−4.78	−4.78
	5	3.6	8.82	8.82	−4.90	−4.90
D 轴柱	4	3.6	8.82	8.82	−4.90	−4.90
	3	3.6	8.82	8.94	−4.93	−4.93
	2	3.6	8.53	8.87	−4.83	−4.83
	1	5.0	7.92	3.96	−2.38	−2.38
	7	3.6	−9.93	−7.57	4.86	4.86
	6	3.6	−6.73	−6.93	3.79	3.79
	5	3.6	−6.93	−6.93	3.85	3.85
B 轴柱	4	3.6	−6.93	−6.93	3.85	3.85
	3	3.6	−6.93	−6.98	3.86	3.86
	2	3.6	−6.69	−6.51	3.67	3.67
	1	5.0	−6.24	−3.12	1.87	1.87

雪载作用下轴线处柱端剪力见表6-13。

表 6-13　雪载作用下轴线处柱端剪力

柱类型	层号	柱高/m	固端弯矩/(kN·m)		杆端剪力/kN	
			上	下	上	下
	7	3.6	4.31	7.25	−3.21	−3.21
	6	3.6	9.49	8.82	−5.09	−5.09
	5	3.6	8.82	8.82	−4.90	−4.90
D 轴柱	4	3.6	8.82	8.82	−4.90	−4.90
	3	3.6	8.82	8.94	−4.93	−4.93
	2	3.6	8.53	8.87	−4.83	−4.83
	1	5	7.92	3.96	−2.38	−2.38
	7	3.6	−3.26	−4.7	2.21	2.21
	6	3.6	−7.64	−6.93	4.05	4.05
	5	3.6	−6.93	−6.93	3.85	3.85
B 轴柱	4	3.6	−6.93	−6.93	3.85	3.85
	3	3.6	−6.93	−6.98	3.86	3.86
	2	3.6	−6.69	−6.51	3.67	3.67
	1	5	−6.24	−3.12	1.87	1.87

活荷载作用下的剪力图如图 6-15 所示。

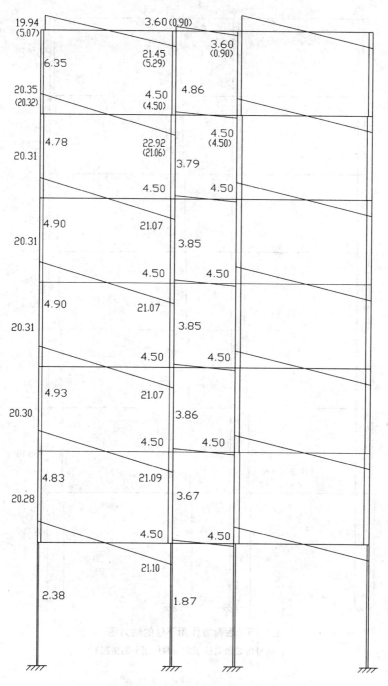

图 6-15　活荷载作用下的剪力图

（注：括号内数值对应于雪荷载作用下的情况）

活荷载作用下柱的轴力图如图 6-16 所示。

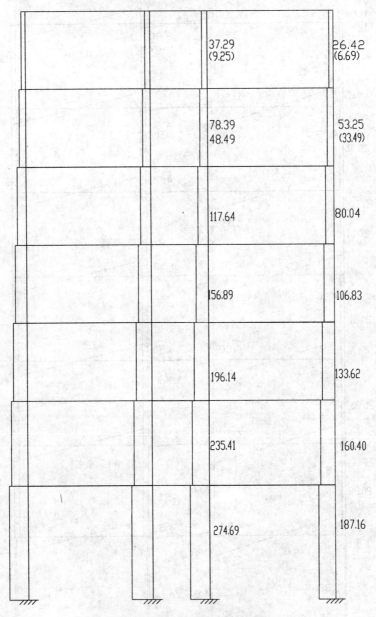

图 6-16　活荷载作用下柱的轴力图

（注：括号内数值对应于雪荷载作用下的情况）

第7章　横向荷载作用下的内力计算

7.1　横向框架侧移刚度的计算

7.1.1　横梁线刚度 i_b 的计算

横梁线刚度计算结果见表7-1。

表7-1　横梁线刚度

类别	E_c/(N/mm²)	$b \times h$ (mm×mm)	I_0/mm⁴	l/mm	$E_c I_0/l$ /(N·mm)	$1.5 E_c I_0/l$ /(N·mm)	$2 E_c I_0/l$ /(N·mm)
AB跨、CD跨	3.0×10^4	250×600	4.50×10^9	6 600	2.045×10^{10}	3.068×10^{10}	4.09×10^{10}
BC跨	3.0×10^4	250×450	1.90×10^9	2 400	2.375×10^{10}	3.563×10^{10}	4.75×10^{10}

7.1.2　柱线刚度 i_c 的计算

柱线刚度计算结果见表7-2。

表7-2　柱线刚度

层次	h_c(mm)	E_c/(N/mm²)	$b \times h$/(mm×mm)	I_c/mm⁴	$E_c I_c/h_c$/(N·mm)
1	5 000	3.0×10^4	400×600	7.200×10^9	4.32×10^{10}
2~7	3 600	3.0×10^4	350×500	3.646×10^9	3.04×10^{10}

7.1.3　柱的侧移刚度的计算

1. 中框架柱侧移刚度

中框架柱侧移刚度计算简图如图7-1所示。

1层边柱：

$$K = \frac{4.09}{4.32} = 0.947$$

$$\alpha_c = (0.5 + K)/(2 + K) = 0.491$$

$$D = \alpha_c \times 12 \times i_c/h^2$$
$$= 0.491 \times 12 \times 4.32 \times 10^{10}/5\ 000^2$$
$$= 10\ 181\ \text{N/mm}$$

1层中柱：

$$K = \frac{4.09 + 4.75}{4.32} = 2.046$$

$$\alpha_c = (0.5 + K)/(2 + K) = 0.629$$

$$D = \alpha_c \times 12 \times i_c / h^2$$
$$= 0.629 \times 12 \times 4.32 \times 10^{10} / 5\ 000^2$$
$$= 13\ 043 \text{ N/mm}$$

2~7 层边柱：

$$K = \frac{4.09 + 4.09}{2 \times 3.04} = 1.345$$

$$\alpha_c = K/(2 + K) = 0.402$$

$$D = \alpha_c \times 12 \times i_c / h^2$$
$$= 0.402 \times 12 \times 3.04 \times 10^{10} / 3\ 600^2$$
$$= 11\ 315 \text{ N/mm}$$

2~7 层中柱：

$$K = \frac{4.09 + 4.75 + 4.75 + 4.09}{2 \times 3.04} = 2.908$$

$$\alpha_c = K/(2 + K) = 0.593$$

$$D = \alpha_c \times 12 \times i_c / h^2$$
$$= 0.593 \times 12 \times 3.04 \times 10^{10} / 3\ 600^2$$
$$= 16\ 692 \text{ N/mm}$$

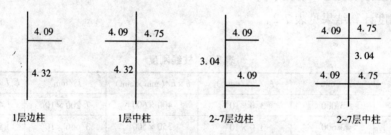

图 7-1　中框架柱侧移刚度计算简图

2. 边框架柱侧移刚度

边框架柱侧移刚度计算简图如图 7-2 所示。

(1) A - 1, A - 13

1 层：

$$K = \frac{3.068}{4.32} = 0.710$$

$$\alpha_c = (0.5 + K)/(2 + K) = 0.446$$

$$D = \alpha_c \times 12 \times i_c / h^2$$
$$= 0.446 \times 12 \times 4.32 \times 10^{10} / 5\ 000^2$$
$$= 9\ 248 \text{ N/mm}$$

2~7 层：

$$K = \frac{3.068 + 3.068}{2 \times 3.04} = 1.009$$

$$\alpha_c = K/(2 + K) = 0.335$$

$$D = \alpha_c \times 12 \times i_c / h^2$$
$$= 0.335 \times 12 \times 3.04 \times 10^{10} / 3\ 600^2$$
$$= 9\ 430\ \text{N/mm}$$

（2）B－1，B－13

1 层：

$$K = \frac{3.563 + 3.068}{4.32} = 1.535$$

$$\alpha_c = (0.5 + K) / (2 + K) = 0.576$$

$$D = \alpha_c \times 12 \times i_c / h^2$$
$$= 0.576 \times 12 \times 4.32 \times 10^{10} / 5\ 000^2$$
$$= 11\ 944\ \text{N/mm}$$

2~7 层：

$$K = \frac{3.563 + 3.068 + 3.563 + 3.068}{2 \times 3.04} = 2.181$$

$$\alpha_c = K / (2 + K) = 0.522$$

$$D = \alpha_c \times 12 \times i_c / h^2$$
$$= 0.522 \times 12 \times 3.04 \times 10^{10} / 3\ 600^2$$
$$= 14\ 693\ \text{N/mm}$$

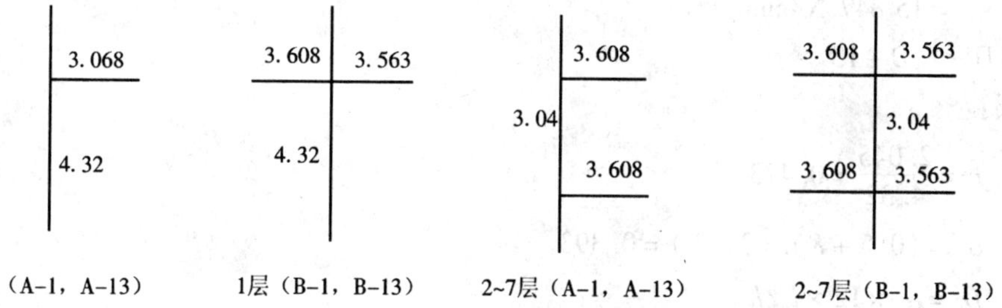

图 7-2　边框架柱侧移刚度计算简图

3. 楼电梯间柱子的侧移刚度

楼电梯间柱子的侧移刚度计算简图如图 7-3 所示。

（1）C－1，C－13

1 层：

$$K = \frac{3.563 + 2.045}{4.32} = 1.298$$

$$\alpha_c = (0.5 + K) / (2 + K) = 0.545$$

$$D = \alpha_c \times 12 \times i_c / h^2$$
$$= 0.545 \times 12 \times 4.32 \times 10^{10} / 5\ 000^2$$
$$= 11\ 301\ \text{N/mm}$$

2~7 层：

$$K = \frac{3.563 + 3.563 + 2.045 + 2.045}{2 \times 3.04} = 1.845$$

$$\alpha_c = K/(2+K) = 0.480$$

$$D = \alpha_c \times 12 \times i_c/h^2$$

$$= 0.480 \times 12 \times 3.04 \times 10^{10}/3\ 600^2$$

$$= 13\ 511\ \text{N/mm}$$

（2）C-2,5,6,7

1层：

$$K = \frac{4.75+3.068}{4.32} = 1.810$$

$$\alpha_c = (0.5+K)/(2+K) = 0.606$$

$$D = \alpha_c \times 12 \times i_c/h^2$$

$$= 0.606 \times 12 \times 4.32 \times 10^{10}/5\ 000^2$$

$$= 12\ 566\ \text{N/mm}$$

2~7层：

$$K = \frac{4.75+4.75+3.068+3.068}{2 \times 3.04} = 2.572$$

$$\alpha_c = K/(2+K) = 0.563$$

$$D = \alpha_c \times 12 \times i_c/h^2$$

$$= 0.563 \times 12 \times 3.04 \times 10^{10}/3\ 600^2$$

$$= 15\ 847\ \text{N/mm}$$

（3）D-1,D-13

1层：

$$K = \frac{2.045}{4.32} = 0.473$$

$$\alpha_c = (0.5+K)/(2+K) = 0.393$$

$$D = \alpha_c \times 12 \times i_c/h^2$$

$$= 0.393 \times 12 \times 4.32 \times 10^{10}/5\ 000^2$$

$$= 8\ 149\ \text{N/mm}$$

2~7层：

$$K = \frac{2.045+2.045}{2 \times 3.04} = 0.673$$

$$\alpha_c = K/(2+K) = 0.252$$

$$D = \alpha_c \times 12 \times i_c/h^2$$

$$= 0.252 \times 12 \times 3.04 \times 10^{10}/3\ 600^2$$

$$= 7\ 093\ \text{N/mm}$$

（4）D-2,5,6,7,8,12

1层：

$$K = \frac{3.068}{4.32} = 0.710$$

$$\alpha_c = (0.5+K)/(2+K) = 0.446$$

$$D = \alpha_c \times 12 \times i_c/h^2$$
$$= 0.446 \times 12 \times 4.32 \times 10^{10}/5\ 000^2$$
$$= 9\ 248\ \text{N/mm}$$

2~7 层：

$$K = \frac{3.068 + 3.068}{2 \times 3.04} = 1.009$$

$$\alpha_c = K/(2 + K) = 0.335$$

$$D = \alpha_c \times 12 \times i_c/h^2$$
$$= 0.335 \times 12 \times 3.04 \times 10^{10}/3\ 600^2$$
$$= 9\ 430\ \text{N/mm}$$

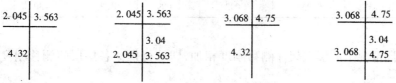

1层（C-1，C-13）　2~7层（C-1，C-13）　1层（C轴其他楼电梯处）　2~7层（C轴其他楼电梯处）

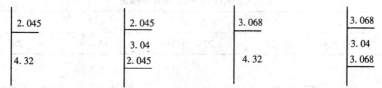

1层（D-1，D-13）　2~7层（D-1，D-13）　1层（D轴其他楼电梯处）　2~7层（D轴其他楼电梯处）

图 7-3　楼电梯间处柱侧移刚度计算简图

以上计算结果汇总于表 7-3 至表 7-6。

表 7-3　中框架柱侧移刚度 D 值

层次	边柱(16 根)			中柱(16 根)			$\sum D$
	K	α_c	D	K	α_c	D	
1	0.947	0.491	10 181	2.046	0.629	13 043	371 584
2~7	1.345	0.402	11 315	2.908	0.593	16 692	448 112

表 7-4　边框架柱侧移刚度 D 值

层次	A–1，A–13			B–1，B–13			$\sum D$
	K	α_c	D	K	α_c	D	
1	0.710	0.446	9 284	1.535	0.576	11 944	42 456
2~7	1.009	0.335	9 430	2.181	0.522	14 693	48 246

表7-5 C柱处电梯楼梯间框架住侧移刚度 D 值

层次	C－1,C－13			C－2,5,6,7			$\sum D$
	K	α_c	D	K	α_c	D	
1	1.298	0.545	11 301	1.810	0.606	12 566	97 998
2~7	1.845	0.480	13 511	2.572	0.563	15 847	122 104

表7-6 D柱处电梯楼梯间框架住侧移刚度 D 值

层次	D－1,D－13			D－2,5,6,7			$\sum D$
	K	α_c	D	K	α_c	D	
1	0.473	0.393	8 149	0.710	0.446	9 248	71 786
2~7	0.673	0.252	7 093	1.009	0.335	9 430	70 766

将上面不同情况下同层框架柱侧移刚度相加,即可得框架各层层间侧移刚度 $\sum D$,见表7-7。

表7-7 横向框架横向侧移刚度

层次	1	2	3	4	5	6	7
$\sum D$	583 824	689 228	689 228	689 228	689 228	689 228	689 228

由上表可知: $\sum D_1 / \sum D_2 = 583\ 824 / 689\ 228 = 0.847 > 0.7$,故该框架为规则框架。

7.2 重力荷载标准值的计算

7.2.1 资料准备

1. 屋面及楼面恒荷载标准值

(1)屋面永久荷载标准值:5.77 kN/m²。

(2)1~6层楼面永久荷载标准值:3.45 kN/m²。

2. 屋面及楼面可变荷载标准值

(1)上人屋面均布活荷载标准值:2.0 kN/m²。

(2)楼面活荷载标准值:2.0 kN/m²。

(3)走廊楼面活荷载:2.5 kN/m²。

(4)屋面雪荷载标准值:$s_k = u_r \times s_0 = 1.0 \times 0.5 = 0.5$ kN/m²。

(5)梁、柱的密度:25 kN/m³。

(6)蒸压粉煤灰加气混凝土砌块密度:5.5 kN/m³。

7.2.2 重力荷载标准值的计算过程

1. 梁重力荷载标准值计算

梁重力荷载标准值计算见表7-8。

表 7-8　梁重力荷载标准值

层次	类别	净跨/mm	截面/mm	密度 /(kN/m³)	体积/m³	数量/根	单重/kN	总重/kN
1	横梁	6 000	250 × 600	25	0.900	26	22.50	585.00
		1 800	250 × 450	25	0.203	13	5.08	66.04
	纵梁	3 200	250 × 500	25	0.400	48	10.00	480.00
2 ~ 7	横梁	6 100	250 × 600	25	0.915	26	22.88	594.75
		1 900	250 × 450	25	0.214	13	5.35	69.55
	纵梁	3 250	250 × 500	25	0.406	48	10.15	487.20

梁的粉刷层重力荷载标准值计算如下。

因为采用了 V 形轻钢龙骨吊顶,所以除了边梁外侧需要粉刷外,其他的梁都可以不用粉刷。

Ⅰ.1 层

横向:

$4 \times 6.00 \times (0.60 - 0.10) \times 0.02 \times 17 = 4.08$ kN

$2 \times 1.80 \times (0.45 - 0.10) \times 0.02 \times 17 = 0.43$ kN

纵向:

$24 \times 3.20 \times (0.50 - 0.10) \times 0.02 \times 17 = 10.44$ kN

合计:

$4.08 + 0.43 + 10.44 = 14.95$ kN

Ⅱ.2 ~ 7 层

横向:

$4 \times 6.10 \times (0.60 - 0.10) \times 0.02 \times 17 = 4.15$ kN

$2 \times 1.90 \times (0.45 - 0.10) \times 0.02 \times 17 = 0.45$ kN

纵向:

$24 \times 3.25 \times (0.50 - 0.10) \times 0.02 \times 17 = 10.61$ kN

合计:

$4.15 + 0.45 + 10.61 = 15.21$ kN

2. 柱及构造柱重力荷载标准值计算

柱重力荷载标准值计算见表 7-10。

表 7-10　柱重力荷载标准值

类别	计算高度 /mm	截面/mm	密度/(kN/m³)	体积/m³	数量/根	单重/kN	总重/kN
1 层	5 000	400 × 600	25	1.20	52	30.00	1 256.00
2 ~ 7 层	3 600	350 × 500	25	0.63	52	15.75	819.00

表 7-11　构造柱重力荷载标准值

类别	计算高度/mm	截面/mm	密度/(kN/m³)	体积/m³	数量/根	单重/kN	总重/kN
1 层	5 000	300×300	25	0.450	6	11.25	67.5
2~6 层	3 600	300×300	25	0.324	6	8.10	48.60
7 层	4 200	300×300	25	0.378	6	9.45	56.70

1)柱的粉刷层重力荷载标准值计算

Ⅰ.1 层

外侧柱：

$$[(0.40+0.60)\times2-0.25\times2-0.20-0.40]\times0.02\times5.0\times17\times26=39.78 \text{ kN}$$

内侧柱：

$$[(0.40+0.60)\times2-0.20\times2-0.20]\times0.02\times5.0\times17\times26=61.88 \text{ kN}$$

合计：

$$39.78+61.88=101.66 \text{ kN}$$

Ⅱ.2~7 层

外侧柱：

$$[(0.35+0.50)\times2-0.20\times2-0.25-0.35]\times0.02\times3.6\times17\times26=25.46 \text{ kN}$$

内侧柱：

$$[(0.35+0.50)\times2-0.20\times2-0.20]\times0.02\times3.6\times17\times26=42.01 \text{ kN}$$

合计：

$$25.46+42.01=67.47 \text{ kN}$$

2)构造柱粉刷层重力荷载标准值计算

Ⅰ.1 层

$$[(0.30+0.30)\times2-0.20\times2-0.20]\times0.02\times5.0\times17\times6=6.12 \text{ kN}$$

Ⅱ.2~7 层

$$[(0.30+0.30)\times2-0.20\times2-0.20]\times0.02\times3.6\times17\times6=4.41 \text{ kN}$$

合计：

$$6.12+4.41=10.53 \text{ kN}$$

3.内、外墙体计算

外墙体为 250 mm 厚蒸压粉煤灰加气混凝土砌块,外墙贴瓷砖(0.5 kN/m²),内墙面为 20 mm 厚抹灰,再刷一层白色乳胶漆(忽略自重),计算如下。

(1)外墙重力:5.5×0.25=1.375 kN/m²。

(2)外墙外表面装修:0.5 kN/m²。

(3)外墙内表面装修:17×0.02=0.34 kN/m²。

内墙为 200 mm 厚蒸压粉煤灰加气混凝土砌块,墙体两面各 20 mm 厚抹灰,再刷一层乳胶漆,则内墙面荷载:5.5×0.20+17×2×0.02=1.78 kN/m²。

7.2.3　各层的重力荷载标准值

1. 一层重力荷载标准值计算

1)门重力荷载标准值的计算

门重力荷载标准值的计算见表7-11。

表 7-11　门重力荷载标准值

类别	数目/个	尺寸($b \times h$)	单个面积/m^2	面荷载/(kN/m^2)	总重/kN
M – 1	2	3.0 m × 2.7 m	8.10	0.40	6.48
M – 2	15	1.0 m × 2.4 m	2.40	0.20	4.80
M – 3	2	1.8 m × 2.1 m	3.78	0.40	3.02
M – 4	2	1.1 m × 2.1 m	2.31	0.40	0.92

门的重力荷载代表值合计:15.22 kN。

2)窗重力荷载标准值的计算

窗重力荷载标准值的计算见表7-12。

表 7-12　窗重力荷载标准值

类别	数目/个	尺寸($b \times h$)	单个面积/m^2	面荷载/(kN/m^2)	总重/kN
C – 1	10	2.7 m × 2.1 m	5.67	0.40	22.68
C – 2	10	1.8 m × 2.1 m	3.78	0.40	15.12
C – 3	2	1.8 m × 1.2 m	2.16	0.40	1.73
C – 4	1	1.8 m × 2.1 m	3.78	0.40	1.51

窗的重力荷载标准值合计:41.04 kN。

3)墙重量的计算

通过计算,一层外墙的面积为 175.02 m^2,外墙面装修的面积为 268.11 m^2,内墙面积为 312.72 m^2,则一层内外墙的重量为

$$175.02 \times (1.375 + 0.34) + 268.11 \times 0.5 + 1.78 \times 312.72 = 990.86 \text{ kN}$$

4)楼板重量的计算

楼板的面积为 586.20 m^2,故其重量为

$$3.45 \times 586.2 = 2\,022.39 \text{ kN}$$

5)构造柱下面梁的计算

构造柱下面的梁取为 250 mm × 300 mm,其重力荷载标准值计算见表7-13。

表 7-13　构造柱下面梁的重力荷载标准值

类别	净跨/mm	截面/mm	密度/(kN/m^3)	体积/m^3	数量/根	单重/kN	总重/kN
L1	2 100	250 × 300	25	0.158	3	3.95	11.85
L2	2 250	250 × 300	25	0.169	4	4.225	16.90

2. 二至六层重力荷载标准值的计算

1）门重力荷载标准值的计算

门重力荷载标准值计算见表7-14。

表7-14　门重力荷载标准值

类别	数目/个	尺寸($b \times h$)	单个面积/m²	面荷载/(kN/m²)	总重/kN
M–2	16	1.0 m×2.4 m	2.4	0.2	7.68
M–4	2	1.1 m×2.1 m	2.31	0.4	0.92

门重力荷载标准值合计:8.60 kN。

2）窗重力荷载标准值计算

窗重力荷载标准值计算见表7-15。

表7-15　窗重力荷载标准值

类别	数目/个	尺寸($b \times h$)	单个面积/m²	面荷载/(kN/m²)	总重/kN
C–1	13	2.7 m×2.1 m	5.67	0.40	29.48
C–2	9	1.8 m×2.1 m	3.78	0.40	13.61
C–3	2	1.8 m×1.2 m	2.16	0.4	1.73
C–4	2	1.8 m×2.1 m	3.78	0.4	3.02

窗重力荷载标准值合计:47.84 kN。

3）墙重量的计算

通过计算,一层外墙的面积为182.29 m²,外墙面装修的面积为268.95 m²,内墙面积为295.08 m²,则内外墙的重量为

$$182.29 \times (1.375 + 0.34) + 268.95 \times 0.5 + 1.78 \times 295.08 = 972.34 \text{ kN}$$

4）楼板重量的计算

楼板的面积为589.00 m²,故其重量为

$$3.45 \times 589.00 = 2\,032.05 \text{ kN}$$

3. 七层重力荷载标准值的计算

1）门重力荷载标准值计算

门重力荷载标准值计算见表7-16。

表7-16　门重力荷载标准值

类别	数目/个	尺寸($b \times h$)	单个面积/m²	面荷/(kN/m²)	总重/kN
M–2	16	1.0 m×2.4 m	2.4	0.2	7.68
M–4(电梯)	2	1.1 m×2.1 m	2.31	0.4	0.92

窗重力荷载标准值合计:8.60 kN。

2）窗重力荷载标准值的计算

窗重力荷载标准值的计算见表 7-17。

表 7-17　窗重力荷载标准值

类别	数目/个	尺寸($b \times h$)	单个面积/m^2	面荷载/(kN/m^2)	总重/kN
C-1	13	2.7 m×2.1 m	5.67	0.40	29.48
C-2	9	1.8 m×2.1 m	3.78	0.40	13.61
C-3	2	1.8 m×1.2 m	2.16	0.4	1.73
C-4（走道）	2	1.8 m×2.1 m	3.78	0.4	3.02

窗重力荷载标准值合计：47.84 kN。

3）墙重量的计算

通过计算，一层外墙的面积为 182.29 m^2，外墙面装修的面积为 268.95 m^2，内墙面积为 295.08 m^2，则内外墙的重量为

$$182.29 \times (1.375 + 0.34) + 268.95 \times 0.5 + 1.78 \times 295.08 = 972.34 \text{ kN}$$

4）楼板重量的计算

楼板的面积为 683.68 m^2。本来在计算梁重的时候应该扣除板的厚度，没有扣除，因此计算时取的是板的净面积，即梁中间部分包围的板的面积。所以将 100 厚的钢筋混凝土板和 V 形轻钢龙骨吊顶单独拿出来计算，其面积与 2~6 层相同，为 589 m^2，则其重量为

$$(2.5 + 0.25) \times 589.00 + 3.02 \times 683.68 = 3\,684.46 \text{ kN}$$

5）女儿墙重量的计算

女儿墙的做法与外墙一样，通过计算可得女儿墙的面积为 142.32 m^2，则女儿墙的重量为

$$(1.375 + 0.5 + 0.34) \times 142.32 = 315.24 \text{ kN}$$

6）突出屋面的楼电梯间重量的计算

突出屋面的楼电梯间高为 3.0 m，通过计算得外墙面积为 18.62 m^2，内墙面积为 65.09 m^2，需要贴瓷砖的墙面积为 90.60 m^2，则内外墙体的重量为

$$18.62 \times (1.375 + 0.34) + 90.60 \times 0.5 \times 65.09 \times 1.78 = 193.09 \text{ kN}$$

门窗计算：

$$1.2 \times 2.4 \times 2 \times 0.4 + 1.2 \times 2.1 \times 0.2 \times 2 = 3.31 \text{ kN}$$

梁的重量为见表 7-18。

表 7-18　梁的重量

层次	类别	净跨/mm	截面/mm	密度/(kN/m^3)	体积/m^3	数量/根	单重/kN	总重/kN
8	横梁	6 100	250×600	25	0.915	4	22.88	91.50
	纵梁	3 250	250×500	25	0.406	6	10.16	60.94

柱子及其粉刷层重力荷载标准值计算如下。

外柱：

$$[0.35 \times 0.50 \times 25 \times 3.00 + (1.35 - 0.25 \times 2 - 0.2) \times 3.00 \times 17 \times 0.02] \times 4$$
$$= 55.15 \text{ kN}$$

内柱：

$$[0.35 \times 0.50 \times 25 \times 3.00 + (1.70 - 0.25 \times 2 - 0.2) \times 3.00 \times 17 \times 0.02] \times 4$$
$$= 56.58 \text{ kN}$$

以上计算结果汇总于表 7-19。

表 7-19 各层各构件的重力荷载标准值统计 (kN)

	梁及粉刷	柱及粉刷	门窗	墙	板
1 层	1 174.74	1 431.28	56.26	990.86	2 022.39
2~6 层	1 166.71	871.74	56.44	972.34	2 032.05
7 层		880.53		972.34	3 684.46
8 层	152.44	111.73	3.31	508.33 (315.24 + 193.09)	411.29

按层分别计算如下。

1 层：

$$G_1 = (1\,174.74 + 2\,022.39) + 0.5 \times (1\,431.28 + 56.26 + 990.86 + 871.74 + 56.44$$
$$+ 972.34) + 0.5 \times (43.2 \times 6.6 \times 2 \times 2.0 + 43.2 \times 2.40 \times 2.50)$$
$$= 6\,085.39 \text{ kN}$$

2~6 层：

$$G_{2 \sim 6} = 1\,166.71 + 2\,032.05 + 0.5 \times [(871.74 + 56.44 + 972.34) \times 2] + 0.5$$
$$\times (43.2 \times 6.6 \times 2 \times 2.0 + 43.2 \times 2.40 \times 2.5)$$
$$= 5\,798.78 \text{ kN}$$

7 层：

$$G_7 = 1\,166.71 + 3\,684.46 + 315.24 + 0.5 \times (880.53 + 111.73 + 56.44 + 972.34$$
$$+ 3.31 + 193.09 + 200) + 0.5 \times 2.5 \times 43.2 \times 15.6 - 10.8 \times 6.6 \times 0.5$$
$$= 7\,181.89 \text{ kN}$$

8 层：

$$G_8 = 152.44 + 411.29 + 0.5 \times (111.73 + 3.31 + 508.33 - 315.24) + 0.5 \times$$
$$(10.8 \times 6.6 \times 2.5)$$
$$= 806.90 \text{ kN}$$

各质点重力荷载标准值如图 7-4 所示。

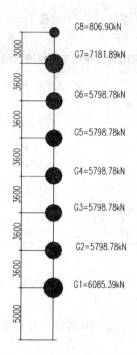

图 7-4　各质点的重力荷载标准值

7.3　横向水平地震荷载作用下框架结构的内力和侧移计算

1. 横向自振周期的计算

横向自振周期的计算采用结构顶点位移法。

将突出房屋重力荷载标准值直接折算到主体结构的顶层, 即

$$G_8 = 806.90 \text{ kN}$$
$$G_7 = 7\,181.89 + 806.90 = 7\,988.79 \text{ kN}$$

基本自振周期 $T_1(\text{s})$ 可按下式计算:

$$T_1 = 1.7\psi_t \sqrt{u_t}$$

式中　u_t——假想把集中在各层楼面处的重力荷载代表值 G_i 作为水平荷载而算得的结构顶点位移;

　　　　ψ_t——结构基本自振周期考虑非承重砖墙影响的折减系数, 取 0.7。

u_t 按以下公式计算:

$$V_{Gi} = \sum G_k$$

$$(\Delta u)_i = V_{Gi} \big/ \sum D_{ij}$$

$$u_t = \sum (\Delta u)_k$$

式中　$\sum D_{ij}$——第 i 层的层间侧移刚度;

　　　　$(\Delta u)_i$——第 i 层的层间侧移;

　　　　$(\Delta u)_k$——第 k 层的层间侧移。

横向地震作用下结构顶点的假想位移计算见表7-20。

表 7-20　横向地震作用下结构顶点的假想位移

层次	G_i/kN	V_{Gi}/kN	$\sum D_i$/(N/mm)	Δu_i/mm	u_i/mm
7	7 988.79	7 988.79	679 714	11.75	272.10
6	5 798.78	13 787.57	679 714	20.28	260.53
5	5 798.78	19 586.35	679 714	28.82	240.25
4	5 798.78	25 385.13	679 714	37.35	211.43
3	5 798.78	31 183.91	679 714	45.88	174.08
2	5 798.78	36 982.69	679 714	54.41	128.20
1	6 085.39	43 068.08	583 824	73.79	73.79

$$T_1 = 1.7\psi_t \sqrt{\mu_t} = 1.7 \times 0.7 \times \sqrt{0.272\,1} = 0.621 \text{ s}$$

2.水平地震作用以及楼层地震剪力计算

本结构高度不超过40 m,质量和刚度沿高度分布比较均匀,变形以剪切型为主,故可用**底部剪力法**计算水平地震作用。

1)结构等效总重力荷载标准值 G_{eq}

$$G_{eq} = 0.85 \sum G_i$$
$$= 0.85 \times (7\,181.89 + 806.90 + 5\,798.78 \times 5 + 6\,085.39)$$
$$= 36\,607.87 \text{ kN}$$

2)水平地震影响系数 α_1

武汉市设计地震分组为第一组,又是二类场地,查表得二类场地近震特征周期值 $T_g = 0.35$ s。

$$5T_g = 5 \times 0.35 = 1.75 \text{ s}, \quad T_g < T < 5T_g$$

查表得设防烈度为7度的 $\alpha_{max} = 0.16$,则

$$\alpha_1 = (T_g/T_1)0.9\alpha_{max}$$
$$= (0.35/0.621)0.9 \times 0.08$$
$$= 0.047\,7$$

3)结构总的水平地震作用标准值 F_{EK}

$$F_{EK} = \alpha_1 G_{eq}$$
$$= 0.047\,7 \times 36\,607.87$$
$$= 1\,746.20 \text{ kN}$$

因 $1.4T_g = 1.4 \times 0.35 = 0.49$ s $< T_1 = 0.63$ s,所以应考虑顶部附加水平地震作用。顶部附加地震作用系数

$$\xi_n = 0.08T_1 + 0.01 = 0.08 \times 0.63 + 0.01 = 0.060\,4$$

附加水平地震作用

$$\Delta F_n = \xi_n \times F_{EK} = 0.060\,4 \times 1\,746.20 = 105.47 \text{ kN}$$

各质点横向水平地震作用按下式计算:

$$F_i = G_i H_i F_{EK}(1 - \delta_n)/(\sum G_k H_k)$$

$$= 1\,640.73 G_i H_i/(\sum G_k H_k)$$

地震作用下各楼层水平地震层间剪力

$$V_i = \sum F_k \quad (i = 1, 2, \cdots, n)$$

楼层地震剪力计算过程及其结果见表 7-21。

表 7-21　各质点横向水平地震作用及楼层地震剪力

层次	H_i/m	G_i/kN	$G_i H_i/(kN \cdot m)$	$G_i H_i/\sum G_j H_j$	F_i/kN	V_i/kN
	29.60	806.90	23 884.24	0.034	55.78	167.34
7	26.60	7 181.89	191 038.27	0.272	551.75	607.52
6	23.00	5 798.78	133 371.94	0.190	311.74	919.26
5	19.40	5 798.78	112 496.33	0.160	262.52	1 181.78
4	15.80	5 798.78	91 620.72	0.130	213.29	1 395.07
3	12.20	5 798.78	70 745.12	0.101	165.71	1 560.78
2	8.60	5 798.78	49 869.51	0.071	116.49	1 677.27
1	5.00	6 085.39	30 426.95	0.043	70.55	1 747.82
$\sum$			703 453.08	1		

注:顶端存在鞭端效应,上表中将顶端剪力扩大了 3 倍,但是增大的剪力部分不往下传递。

水平地震作用及层间剪力分布如图 7-5 和图 7-6 所示。

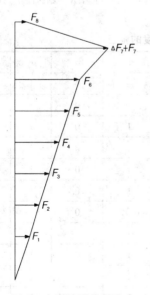

图 7-5　水平地震作用分布

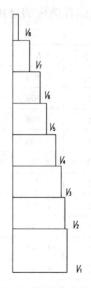

图 7-6　层间剪力分布

3. 水平地震作用下的位移验算

水平地震作用下框架结构的层间位移 Δu_i 和顶点位移 u_i 分别按下列公式计算:

$$\Delta u_i = V_i/\sum D_{ij}$$

$$u_i = \sum (\Delta u)_k$$

各层的层间弹性位移角 $\theta_e = \Delta u_i / h_i$，根据《建筑抗震设计规范》（GB 50011—2010），钢筋混凝土框架结构层间弹性位移角限值 $[\theta_e] < 1/550$。

水平地震作用下位移计算过程及结果见表 7-22。

表 7-22　水平地震作用下的位移验算

层次	V_i/kN	$\sum D_i$/(N/mm)	$(\Delta u)_i$/mm	u_i/mm	h_i/mm	$\theta_e = \Delta u_i / h_i$
7	607.52	679 714	0.89	13.79	3 600	1/4 045
6	919.26	679 714	1.35	12.90	3 600	1/2 667
5	1 181.78	679 714	1.74	11.55	3 600	1/2 069
4	1 395.07	679 714	2.05	9.81	3 600	1/1 756
3	1 560.78	679 714	2.30	7.76	3 600	1/1 565
2	1 677.27	679 714	2.47	5.46	3 600	1/1 457
1	1 747.82	583 824	2.99	2.99	5 000	1/1 672

由此可见，最大层间弹性位移角发生在第 2 层，1/1 457 < 1/550，满足《建筑抗震设计规范要求》（GB 50011—2010）要求。

4. 水平地震作用下的框架内力计算

以第⑨轴线处的横向框架为例计算框架内力。

（1）各柱反弯点高度比，其中底层柱需要考虑修正值 y_2，第 2 层柱需要考虑修正值 y_1 和 y_3，其余各柱无修正，具体计算过程见表 7-23，表中 K 为梁柱相对线刚度比，a_2、a_3 为考虑上下端节点弹性约束的修正系数。

表 7-23　各柱反弯点高度的修正

柱号	层次	K	y_0	I	y_1	a_2	y_2	a_3	y_3	y
中柱	7	2.908	0.450	1	0	—	—	1	0	0.450
	6	2.908	0.467	1	0	1	0	1	0	0.467
	5	2.908	0.500	1	0	1	0	1	0	0.500
	4	2.908	0.500	1	0	1	0	1	0	0.500
	3	2.908	0.500	1	0	1	0	1	0	0.500
	2	2.908	0.500	1	0	1	0	1	0	0.500
	1	2.046	0.577			0.72	0			0.577
边柱	7	1.345	0.385	1	0	—	—	1	0	0.385
	6	1.345	0.450	1	0	1	0	1	0	0.450
	5	1.345	0.467	1	0	1	0	1	0	0.467
	4	1.345	0.467	1	0	1	0	1	0	0.467
	3	1.345	0.500	1	0	1	0	1	0	0.500
	2	1.345	0.500	1	0	1	0	1	0	0.500
	1	0.947	0.650	—		0.72	0.0114	—		0.650

（2）框架柱端剪力及弯矩分别按下列公式计算：

$$V_{ij} = D_{ij} V_i / \sum D_{ij}$$

$$M_{ij}^b = V_{ij} \times yh$$

$$M_{ij}^u = V_{ij}(1-y)h$$

$$y = y_n + y_1 + y_2 + y_3$$

式中　y_n——框架柱的标准反弯点高度比；

　　　y_1——上下层梁线刚度变化时反弯点高度比的修正值；

　　　y_2、y_3——上下层层高变化时反弯点高度比的修正值；

　　　y——框架柱的反弯点高度比。

横向地震下各层柱（中柱）端弯矩及剪力计算及其结果见表7-24。

表7-24　横向地震下各层柱（中柱）端弯矩及剪力

层次	h_i/m	V_i/kN	$\sum D_{ij}$/(N/mm)	中柱					
				D_{ij}/(N/mm)	V_{i2}/kN	k	y	M_{ij}^b/(kN·m)	M_{ij}^u/(kN·m)
7	3.60	607.52	679 714	16 692	14.92	2.908	0.450	24.17	29.54
6	3.60	919.26	679 714	16 692	22.57	2.908	0.467	37.95	43.32
5	3.60	1 181.78	679 714	16 692	29.02	2.908	0.500	52.24	52.24
4	3.60	1 395.07	679 714	16 692	34.26	2.908	0.500	61.67	61.67
3	3.60	1 560.78	679 714	16 692	38.33	2.908	0.500	68.99	68.99
2	3.60	1 677.27	679 714	16 692	41.19	2.908	0.500	74.14	74.14
1	5.00	1 747.82	583 824	13 043	39.05	2.046	0.577	112.65	82.59

横向地震下各层柱（边柱）端弯矩及剪力计算见表7-25。

表7-25　横向地震下各层柱（边柱）端弯矩及剪力

层次	h_i/m	V_i/kN	$\sum D_{ij}$/(N/mm)	边柱					
				D_{i2}/(N/mm)	V_{i2}/kN	k	y	M_{i2}^b/(kN·m)	M_{i2}^u/(kN·m)
7	3.6	607.52	679 714	11 315	10.11	1.345	0.385	14.02	22.39
6	3.6	919.26	679 714	11 315	15.30	1.345	0.450	24.79	30.30
5	3.6	1 181.78	679 714	11 315	19.67	1.345	0.467	33.07	37.75
4	3.6	1 395.07	679 714	11 315	23.22	1.345	0.467	39.04	44.56
3	3.6	1 560.78	679 714	11 315	25.98	1.345	0.500	46.77	46.77
2	3.6	1 677.27	679 714	11 315	27.92	1.345	0.500	50.26	50.26
1	5.0	1 747.82	583 824	10 181	30.48	0.947	0.650	99.06	53.34

（3）梁端弯矩、剪力按下列公式计算：

$$M_{\mathrm{b}}^{\mathrm{l}} = \frac{i_{\mathrm{b}}^{\mathrm{l}}}{i_{\mathrm{b}}^{\mathrm{l}} + i_{\mathrm{b}}^{\mathrm{r}}} (M_{\mathrm{c}}^{\mathrm{b}} + M_{\mathrm{c}}^{\mathrm{t}})$$

$$M_{\mathrm{b}}^{\mathrm{r}} = \frac{i_{\mathrm{b}}^{\mathrm{r}}}{i_{\mathrm{b}}^{\mathrm{l}} + i_{\mathrm{b}}^{\mathrm{r}}} (M_{\mathrm{c}}^{\mathrm{b}} + M_{\mathrm{c}}^{\mathrm{t}})$$

$$V_{\mathrm{b}}^{\mathrm{l}} = V_{\mathrm{b}}^{\mathrm{r}} = \frac{1}{l} (\mid M_{\mathrm{b}}^{\mathrm{l}} \mid + \mid M_{\mathrm{b}}^{\mathrm{r}} \mid)$$

节点弯矩如图 7-7 所示。

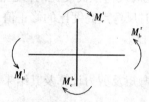

图 7-7 节点弯矩

横向地震梁端弯矩、剪力及柱轴力的计算及其结果见表 7-26。

表 7-26 横向地震梁端弯矩,剪力及柱轴力

层次	边梁			中梁			柱轴力/kN	
	$M_{\mathrm{b}}^{\mathrm{l}}/(\mathrm{kN \cdot m})$	$M_{\mathrm{b}}^{\mathrm{r}}/(\mathrm{kN \cdot m})$	$V_{\mathrm{b}}/\mathrm{kN}$	$M_{\mathrm{b}}^{\mathrm{l}}/(\mathrm{kN \cdot m})$	$M_{\mathrm{b}}^{\mathrm{r}}/(\mathrm{kN \cdot m})$	$V_{\mathrm{b}}/\mathrm{kN}$	边柱	中柱
7	22.39	13.67	5.46	15.87	15.87	13.23	-5.46	-7.77
6	44.32	31.23	11.45	36.26	36.26	30.22	-16.91	-26.54
5	62.54	41.73	15.80	48.46	48.46	40.38	-32.71	-51.12
4	77.63	52.70	19.75	61.21	61.21	51.01	-52.46	-82.38
3	85.81	60.45	22.16	70.21	70.21	58.51	-74.62	-118.73
2	97.03	66.23	24.74	76.91	76.91	64.09	-99.36	-158.08
1	103.6	72.51	26.68	84.22	84.22	70.18	-126.04	-201.58

注:力中负号表示拉力,当为左风作用时,左侧两根柱为拉力,对应的右侧两根柱为压力。

左震作用下的弯矩图如图 7-8 所示。

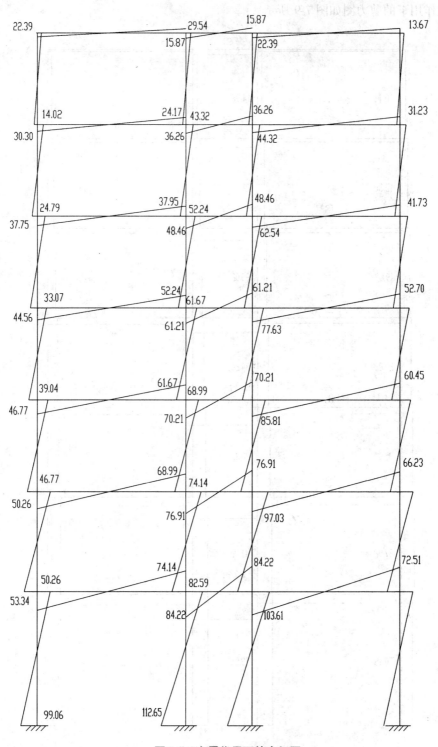

图 7-8　左震作用下的弯矩图

左震作用下的剪力图如图 7-9 所示。

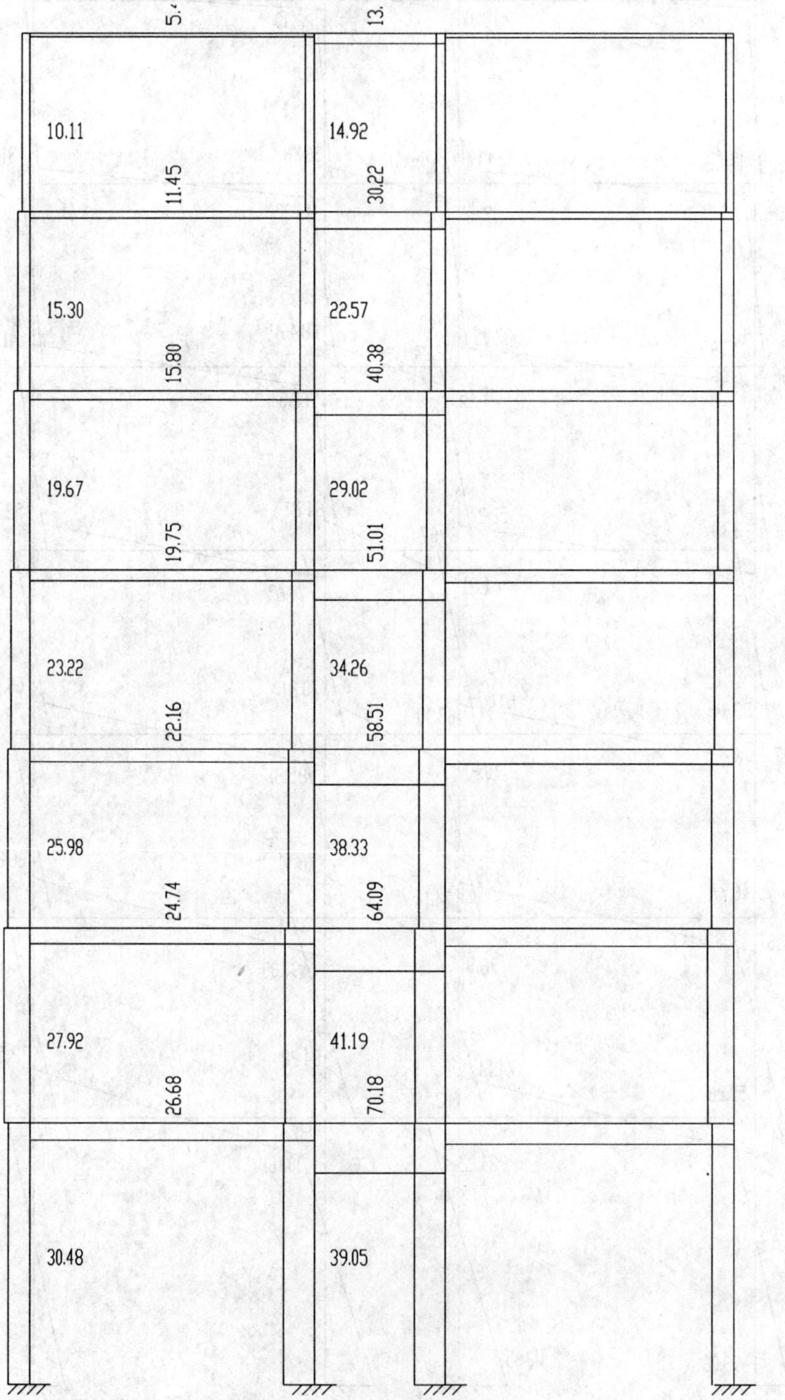

图 7-9　左震作用下的剪力图

左震作用下柱的轴力图如图 7-10 所示。

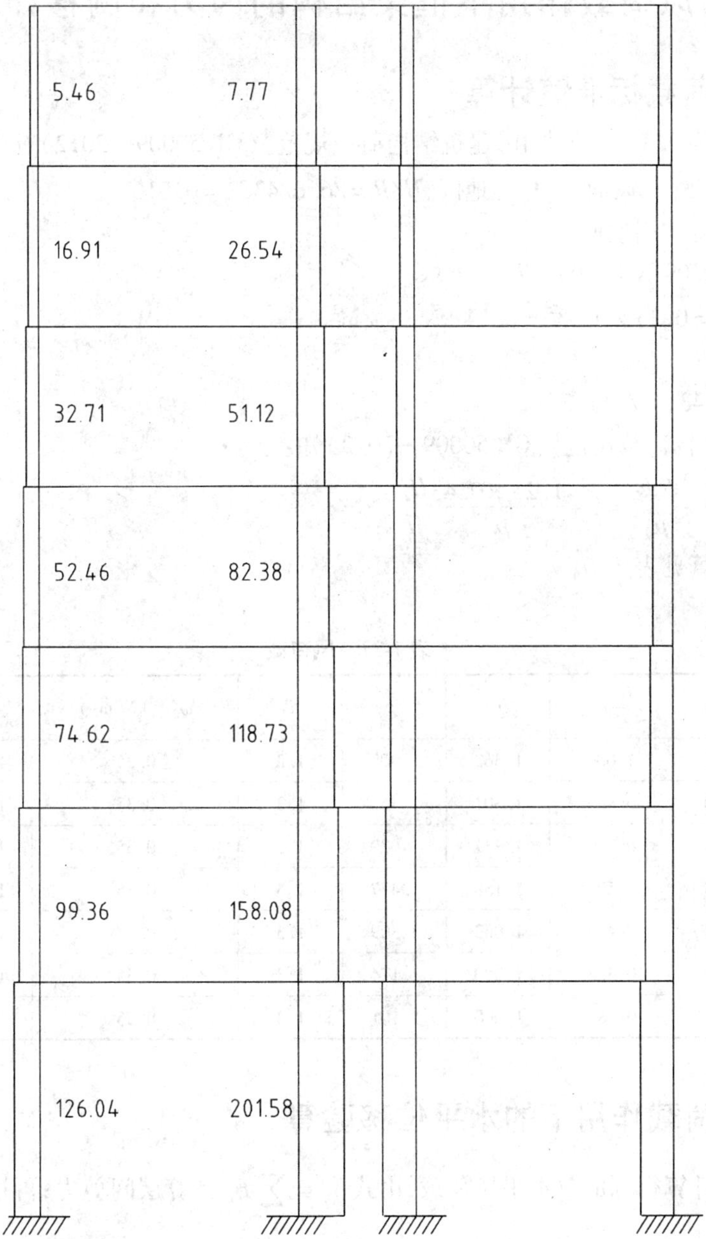

5.46	7.77	
16.91	26.54	
32.71	51.12	
52.46	82.38	
74.62	118.73	
99.36	158.08	
126.04	201.58	

图 7-10　左震作用下柱的轴力图

7.4 横向风荷载作用下框架结构的内力和侧移计算

7.4.1 风荷载标准值计算

基本风压为 0.35 kN/m^2 由《建筑结构荷载规范》(GB 50009—2012)查得 $\mu_s = 0.8$(迎风面)和 $\mu_s = -0.5$(背风面)。B 类地区,$H/B = 26.6/43.2 = 0.616$。

框架结构基本周期取为

$$T_1 = 0.09 \text{ N} = 0.09 \times 7 = 0.63 \text{ s}$$
$$\omega_0 T^2 = 0.35 \times 0.63^2 = 0.14 \text{ kN} \cdot \text{s}^2/\text{m}^2$$

查表可得

$$v = 0.43, \quad \xi = 1.25$$

由《建筑结构荷载规范》(GB 50009—2012)知:

$$\beta_z = 1 + \frac{\psi_z \xi v}{\mu_z} = 1 + \frac{1.25 \times 0.43 \frac{H_i}{H}}{\mu_z}$$

风荷载计算见表 7-27。

表 7-27 风荷载

层次	H_i/m	$\frac{H_i}{H}/\text{m}$	μ_z	$\beta_z\mu_z$	μ_s	$\omega_0/(\text{kN/m}^2)$	A/m^2	P_w/kN
7	26.6	1.000	1.362	1.900	1.3	0.35	10.80	12.72
6	23.0	0.865	1.301	1.766	1.3	0.35	12.96	13.55
5	19.4	0.729	1.237	1.629	1.3	0.35	12.96	11.88
4	15.8	0.594	1.158	1.477	1.3	0.35	12.96	10.09
3	12.2	0.459	1.062	1.309	1.3	0.35	12.96	8.20
2	8.6	0.323	1.000	1.174	1.3	0.35	12.96	6.92
1	5.0	0.188	1.000	1.101	1.3	0.35	13.77	6.90

7.4.2 风荷载作用下的水平位移验算

根据上面计算得到的单水平风荷载,由式 $V_i = \sum\limits_{k=i}^{n} F_k$ 计算层间剪力;再按下面两式分别计算各层的相对侧移和绝对侧移,

$$\Delta u_i = V_i / \sum D_{ij}$$
$$u_i = \sum (\Delta u)_k$$

各层的层间弹性位移角

$$\theta_e = \Delta u_i / h_i$$

风荷载作用下层间剪力及侧移计算过程及结果见表 7-28。

表 7-28　风荷载作用下层间剪力及侧移

层次	F_i/kN	V_i/kN	$\sum D_i$/(N/mm)	Δu_i/mm	u_i/mm	$\Delta u_i/h_i$
7	152.64	152.64	679 714	0.224 6	5.736 7	1/16 028
6	162.6	315.24	679 714	0.463 8	5.512 1	1/7 762
5	142.56	457.80	679 714	0.673 5	5.048 3	1/5 345
4	121.08	578.88	679 714	0.851 7	4.410 8	1/4 227
3	98.40	677.28	679 714	0.996 4	3.559 1	1/3 613
2	83.04	760.32	679 714	1.118 6	2.562 7	1/3 218
1	82.80	843.12	583 824	1.444 1	1.444 1	1/3 462

由上表可知,风荷载作用下最大层间位移角为 1/3 218,远远小于 1/550,满足《建筑抗震设计规范》(GB 50011—2010)的要求。

7.4.3　风荷载作用下框架的内力计算

(1)各柱反弯点的高度比,对于底层柱需要考虑修正值 y_2,对于第二层柱需要考虑修正值 y_1 和 y_3,其余各层柱无修正。各层柱反弯点高度计算过程及结果见表 7-29。

表 7-29　各层柱反弯点高度

柱号	层次	K	y_0	I	y_1	a_2	y_2	a_3	y_3	y
中柱	7	2.908	0.450	1	0	—	—	1	0	0.450
	6	2.908	0.467	1	0	1	0	1	0	0.467
	5	2.908	0.500	1	0	1	0	1	0	0.500
	4	2.908	0.500	1	0	1	0	1	0	0.500
	3	2.908	0.500	1	0	1	0	1	0	0.500
	2	2.908	0.500	1	0	1	0	1.389	0	0.500
	1	2.046	0.577	—	—	0.72	0	—	—	0.577
边柱	7	1.345	0.385	1	0	—	—	1	0	0.385
	6	1.345	0.450	1	0	1	0	1	0	0.450
	5	1.345	0.467	1	0	1	0	1	0	0.467
	4	1.345	0.467	1	0	1	0	1	0	0.467
	3	1.345	0.500	1	0	1	0	1	0	0.500
	2	1.345	0.500	1	0	1	0	1.389	0	0.500
	1	0.947	0.650	—	—	0.72	0.011 4	—	—	0.650

(2)框架柱端剪力及弯矩分别按下列公式计算:

$$V_{ij} = D_{ij}V_i / \sum D_{ij}$$
$$M_{ij}^b = V_{ij} \times yh$$
$$M_{ij}^u = V_{ij}(1-y)h$$

$$y = y_n + y_1 + y_2 + y_3$$

式中　y_n——框架柱的标准反弯点高度比;

　　　y_1——上下层梁线刚度变化时反弯点高度比的修正值;

　　　y_2、y_3——上下层层高变化时反弯点高度比的修正值;

　　　y——框架柱的反弯点高度比。

风载下各层柱(中柱)端弯矩及剪力计算见表7-30。

表7-30　风载下各层柱(中柱)端弯矩及剪力

层次	h_i/m	V_i/kN	$\sum D_{ij}$ /(N/mm)	中柱					
				D_{ij} /(N/mm)	V_{i2} /(kN)	K	y	M_{ij}^b /(kN·m)	M_{ij}^u /(kN·m)
7	3.60	152.64	679 714	16 692	3.75	2.908	0.450	6.07	7.42
6	3.60	315.24	679 714	16 692	7.74	2.908	0.467	13.01	14.85
5	3.60	457.80	679 714	16 692	11.24	2.908	0.500	20.24	20.24
4	3.60	578.88	679 714	16 692	14.22	2.908	0.500	25.59	25.59
3	3.60	677.28	679 714	16 692	16.63	2.908	0.500	29.94	29.94
2	3.60	760.32	679 714	16 692	18.67	2.908	0.500	33.61	33.61
1	5.00	843.12	583 824	13 043	18.84	2.046	0.577	54.34	39.84

风载下各层柱(边柱)端弯矩及剪力计算见表7-31。

表7-31　风载下各层柱(边柱)端弯矩及剪力

层次	h_i/m	V_i/kN	$\sum D_{ij}$ /(N/mm)	边柱					
				D_{i2} /(N/mm)	V_{i2} /kN	K	y	M_{i2}^b /(kN·m)	M_{i2}^u /(kN·m)
7	3.6	152.64	679 714	11 315	2.54	1.345	0.385	3.52	5.63
6	3.6	315.24	679 714	11 315	5.25	1.345	0.450	8.50	10.39
5	3.6	457.80	679 714	11 315	7.62	1.345	0.467	12.81	14.62
4	3.6	578.88	679 714	11 315	9.64	1.345	0.467	16.20	18.49
3	3.6	677.28	679 714	11 315	11.27	1.345	0.500	20.29	20.29
2	3.6	760.32	679 714	11 315	12.66	1.345	0.500	22.78	22.78
1	5.00	843.12	583 824	10 181	14.70	0.947	0.650	47.78	25.73

(3)梁端弯矩、剪力、柱轴力计算:

$$M_b^l = \frac{i_b^l}{i_b^l + i_b^r}(M_c^b + M_c^t)$$

$$M_b^r = \frac{i_b^r}{i_b^l + i_b^r}(M_c^b + M_c^t)$$

$$V_b^l = V_b^r = \frac{1}{l}(|M_b^l| + |M_b^r|)$$

风载下梁端弯矩、剪力及柱的轴力计算见表7-32。

表 7-32　风载下梁端弯矩,剪力及柱的轴力

层次	边梁			中梁			柱轴力/N	
	M_b^l/(kN·m)	M_b^r/(kN·m)	V_b/kN	M_b^l/(kN·m)	M_b^r/(kN·m)	V_b/kN	边柱	中柱
7	5.63	3.43	1.37	3.99	3.99	3.33	−1.37	−1.96
6	13.91	9.68	3.57	11.24	11.24	9.37	−4.94	−7.76
5	23.12	15.38	5.83	17.87	17.87	14.89	−10.77	−16.82
4	31.30	21.20	7.95	24.63	24.63	20.53	−18.72	−29.40
3	36.49	25.69	9.42	29.84	29.84	24.87	−28.14	−44.85
2	43.07	29.40	10.98	34.15	34.15	28.46	−39.12	−62.33
1	48.51	33.98	12.50	39.47	39.47	32.89	−51.62	−82.72

注:力中负号表示拉力,当为左风作用时,左侧两根柱为拉力,对应的右侧两根柱为压力。

左风作用下的弯矩图如图7-11所示。

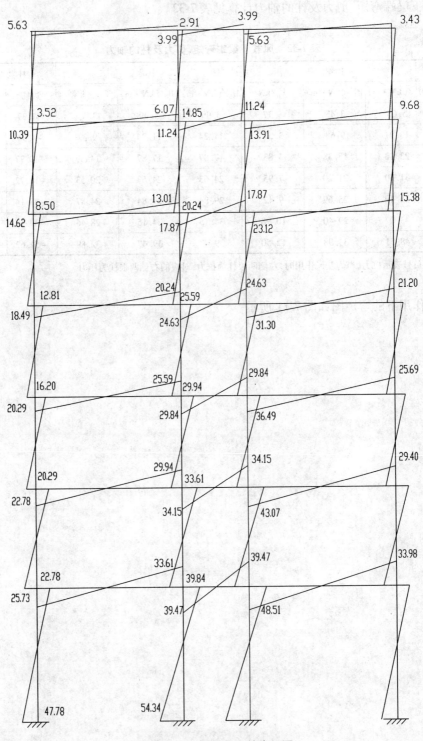

图 7-11 左风作用下的弯矩图

左风荷载作用下的剪力图如图 7-12 所示。

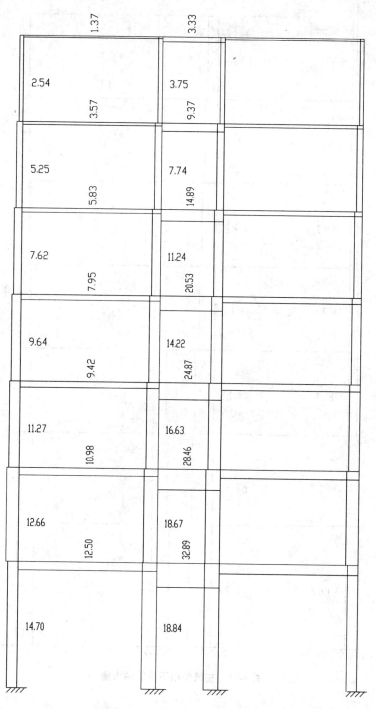

图 7-12　左风荷载作用下的剪力图

左风作用下柱的轴力图如图 7-13 所示。

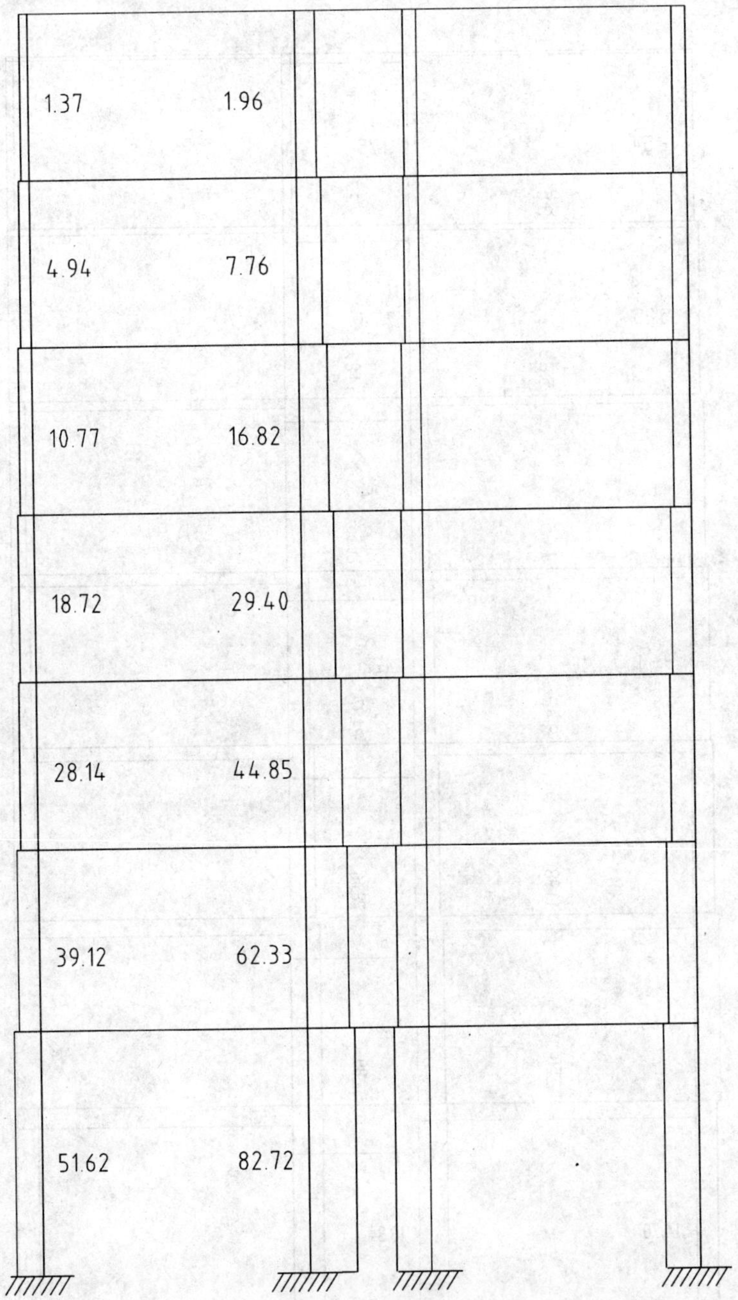

图 7-13　左风作用下柱的轴力图

第8章 内力调整

8.1 竖向荷载作用下的梁端弯矩调幅

为了减小支座处负钢筋的数量,方便钢筋的绑扎与混凝土的浇捣,同时也为了充分利用钢筋,以达到节约钢筋的目的,通常在内力组合前先将竖向荷载作用下支座处梁端负弯矩(使梁上面受拉)进行调幅,调幅系数 $\beta = 0.9$。

顶层边跨梁在恒载作用下的梁端负弯矩调幅示意图如图5-1所示。具体计算如下。

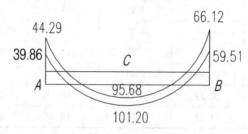

图5-1 负弯矩调幅示意图

该梁在恒载作用下,梁端负弯矩分别为 $M_A = 44.29$ kN,$M_B = 66.12$ kN,跨中正弯矩为 $M_0 = 95.68$ kN,现将其调幅:

$$M'_A = \beta M_A = 0.9 \times 44.29 = 39.86 \text{ kN}$$

$$M'_B = \beta M_B = 0.9 \times 66.12 = 59.51 \text{ kN}$$

$$M'_0 = M_0 + (1 - \beta) \frac{M_A + M_B}{2} = 95.68 + (1 - 0.9) \times \frac{44.29 + 66.12}{2} = 101.20 \text{ kN}$$

验算:

$$\frac{|M'_A + M'_B|}{2} + M'_0 \geqslant M_{c0}$$

$$\frac{|M'_A + M'_B|}{2} + M'_0 = \frac{|39.86 + 59.51|}{2} + 101.20 = 150.89 \text{ kN}$$

$$M_{c0} = \frac{|44.29 + 66.12|}{2} + 95.68 = 150.89 \text{ kN}$$

满足条件。

其中,M_{c0} 是按简支梁计算的跨中弯矩。

每一根梁均按以上介绍的方法进行支座负弯矩与跨中正弯矩调幅,其计算结果见表8-1。

表 8-1　恒载作用下梁端弯矩调幅

梁类型	层号	轴线处梁端弯矩/(kN·m)		跨中弯矩/(kN·m)	调幅后梁端弯矩/(kN·m)		调幅后跨中弯矩(kN·m)
		左	右		左	右	
边跨	7	−49.29	66.12	−95.68	−39.86	59.51	−101.20
	6	−66.22	71.98	−68.56	−59.60	64.78	−75.47
	5	−64.07	70.99	−70.44	−57.66	63.89	−77.19
	4	−64.07	70.99	−70.44	−57.66	63.89	−77.19
	3	−64.07	70.99	−70.44	−57.66	63.89	−77.19
	2	−63.32	70.55	−71.03	−56.99	63.50	−77.72
	1	−63.69	70.49	−70.89	−57.32	63.44	−77.60
中跨	7	−26.05	26.05	14.88	−23.45	23.45	17.49
	6	−15.41	15.41	7.91	−13.87	13.87	9.45
	5	−15.97	15.97	8.47	−14.37	14.37	10.07
	4	−15.97	15.97	8.47	−14.37	14.37	10.07
	3	−15.97	15.97	8.47	−14.37	14.37	10.07
	2	−16.23	16.23	8.73	−14.61	14.61	10.35
	1	−14.82	14.82	7.32	−13.34	13.34	8.80

　　计算过程中,为了减少计算工作,没有考虑活荷载的最不利分布而是按照满布考虑的,考虑到满布荷载法计算的误差,活荷载作用下梁的跨中弯矩乘以 1.15 的增大系数,再与原跨中弯矩调幅后的弯矩值比较,取较大者,计算的结果见表 8-2。

表 8-2　活载作用下梁端弯矩调幅

梁类型	层号	轴线处梁端弯矩/(kN·m)		跨中弯矩/(kN·m)	调幅后梁端弯矩/(kN·m)		调幅后跨中弯矩/(kN·m)
		左	右		左	右	
边跨	7	−13.86 (−5.12)	18.84 (5.87)	−30.25 (−6.19)	−12.47 (−4.61)	16.96 (5.28)	−34.78 (−7.12)
	6	−19.02 (−17.55)	21.25 (20.01)	−26.45 (−27.82)	−17.12 (−15.80)	19.13 (18.01)	−30.42 (−31.99)
	5	−18.45	20.97	−26.88	−16.61	18.87	−30.91
	4	−18.45	20.97	−26.88	−16.61	18.87	−30.91
	3	−18.45	20.97	−26.88	−16.61	18.87	−30.91
	2	−18.29	20.90	−27.01	−16.46	18.81	−31.06
	1	−17.91	20.60	−27.32	−16.12	18.54	−31.42

梁类型	层号	轴线处梁端弯矩/(kN·m)		跨中弯矩 /(kN·m)	调幅后梁端弯矩/(kN·m)		调幅后跨中弯矩 /(kN·m)
		左	右		左	右	
中跨	7	−7.38(−1.08)	7.38(1.08)	4.21(0.29)	−6.64(−0.97)	6.64(0.97)	4.95(0.40)
	6	−5.23(−5.95)	5.23(5.95)	1.27(1.99)	−4.71(−5.36)	4.71(5.36)	1.79(2.59)
	5	−5.39	5.39	1.43	−4.85	4.85	1.97
	4	−5.39	5.39	1.43	−4.85	4.85	1.97
	3	−5.39	5.39	1.43	−4.85	4.85	1.97
	2	−5.43	5.43	1.47	−4.89	4.89	2.01
	1	−5.24	5.24	1.28	−4.72	4.72	1.80

注:括号中的数值表示雪荷载作用下的弯矩与剪力计算。

8.2 框架梁内力折算至柱边

1. 竖向分布荷载

对于竖向分布荷载作用下的梁端内力,按下式进行折算:

$$\begin{cases} V' = V - p \cdot \dfrac{b}{2} \\ M' = M - V' \cdot \dfrac{b}{2} \end{cases}$$

注意,这里的 $p \cdot \dfrac{b}{2}$ 是指 $\dfrac{b}{2}$ 的梁长范围内竖向分布荷载的合力,竖向分布荷载 p 可能是变化的,故准确的表示应为 $\int_0^{\frac{b}{2}} p(x)\,\mathrm{d}x$。

2. 水平荷载或竖向集中荷载

对于水平荷载或竖向集中荷载产生的内力,则按下式折算:

$$\begin{cases} V' = V \\ M' = M - V' \cdot \dfrac{b}{2} \end{cases}$$

恒载作用下梁端弯矩与剪力计算结果见表8-3。

表8-3 恒载作用下梁端弯矩与剪力

层号	梁类型	轴线处梁端弯矩 /(kN·m)		轴线处梁端剪力/kN		梁端弯矩/(kN·m)		梁端剪力/kN	
		左	右	左	右	左	右	左	右
7	边跨	−39.86	59.51	69.36	−75.22	−27.87	46.50	68.50	−74.36
	中跨	−23.45	23.45	13.76	−13.76	−21.16	21.16	13.09	−13.09

层号	梁类型	轴线处梁端弯矩/(kN·m)		轴线处梁端剪力/kN		梁端弯矩/(kN·m)		梁端剪力/kN	
		左	右	左	右	左	右	左	右
6	边跨	−59.60	64.78	69.62	−71.46	−47.76	52.62	67.66	−69.50
	中跨	−13.87	13.87	9.59	−9.59	−12.30	12.30	8.99	−8.99
5~3	边跨	−57.66	63.89	69.54	−71.64	−45.83	51.70	67.58	−69.68
	中跨	−14.37	14.37	9.59	−9.59	−12.80	12.80	8.99	−8.99.
2	边跨	−56.99	63.50	69.49	−71.68	−45.17	51.30	67.53	−69.72
	中跨	−14.61	14.61	9.59	−9.59	−13.04	13.04	8.99	−8.99
1	边跨	−57.32	63.44	69.56	−71.62	−45.49	51.25	67.60	−69.66
	中跨	−13.34	13.34	9.59	−9.59	−11.77	11.77	8.99	−8.99

活载作用下梁端弯矩与剪力计算结果见表 8-4。

表 8-4　活载作用下梁端弯矩与剪力

层号	梁类型	轴线处梁端弯矩/(kN·m)		轴线处梁端剪力/kN		梁端弯矩/(kN·m)		梁端剪力/kN	
		左	右	左	右	左	右	左	右
7	边跨	−12.47 (−4.61)	16.96 (5.28)	19.94 (5.07)	−21.45 (−5.29)	−8.97 (4.27)	13.22 (4.37)	19.88 (−4.58)	21.39 (5.25)
	中跨	−6.64 (−0.97)	6.64 (0.97)	3.60 (0.90)	−3.60 (−0.90)	6.02 (0.81)	6.02 (0.81)	3.54 (0.90)	3.54 (0.90)
6	边跨	−17.12 (−15.80)	19.13 (18.01)	20.35 (20.32)	−22.92 (−21.06)	−13.57 (−12.24)	15.13 (14.32)	−20.29 (−20.26)	22.86 (21.00)
	中跨	4.71 (5.36)	4.71 (5.36)	4.50 (4.50)	−4.50 (−4.50)	−3.94 (−4.59)	3.94 (−4.59)	4.42 (−4.42)	−4.42 (4.42)
5~3	边跨	−16.61	18.87	20.31	−21.07	−13.07	15.19	20.25	−21.01
	中跨	−4.85	4.85	4.50	−4.50	−4.08	4.08	4.42	−4.42.
2	边跨	−16.46	18.81	20.30	−21.09	−12.92	15.13	20.24	−21.03
	中跨	−4.89	4.89	4.50	−4.50	−4.12	4.12	4.42	−4.42
1	边跨	−16.12	18.54	20.28	−21.10	−12.58	14.86	20.22	−21.04
	中跨	−4.71	4.71	4.50	−4.50	−3.94	3.94	4.42	−4.42

注:括号中的数值表示雪荷载作用下的弯矩与剪力计算。

左风作用下梁端弯矩与剪力计算结果见表 8-5。

表 8-5　左风作用下梁端弯矩与剪力

层号	梁类型	梁端弯矩/(kN·m)		梁端剪力/kN		跨中剪力/kN
		左	右	左	右	
7	边跨	5.29	3.09	−1.37	−1.37	−1.37
	中跨	3.16	3.16	−3.33	−3.33	−3.33
6	边跨	13.02	8.79	−3.57	−3.57	−3.57
	中跨	8.90	8.90	−9.37	−9.37	−9.37
5	边跨	21.66	13.92	−5.83	−5.83	−5.83
	中跨	14.13	14.13	−14.89	−14.89	−14.89
4	边跨	29.31	19.21	−7.95	−7.95	−7.95
	中跨	19.54	19.54	−20.35	−20.35	−20.35
3	边跨	34.14	23.34	−9.42	−9.42	−9.42
	中跨	23.62	23.62	−24.87	−24.87	−24.87
2	边跨	40.33	26.66	−10.98	−10.98	−10.98
	中跨	27.04	27.04	−28.46	−28.46	−28.46
1	边跨	44.35	30.23	−12.50	−12.50	−12.50
	中跨	31.25	31.25	−32.89	−32.89	−32.89

左地震作用下梁端弯矩与剪力计算结果见表 8-6。

表 8-6　左地震作用下梁端弯矩与剪力

层号	梁类型	梁端弯矩/(kN·m)		梁端剪力/kN		跨中剪力/kN
		左	右	左	右	
7	边跨	21.43	12.71	−5.46	−5.46	−5.46
	中跨	13.55	13.55	−13.23	−13.23	−13.23
6	边跨	42.32	29.23	−11.45	−11.45	−11.45
	中跨	30.97	30.97	−30.22	−30.22	−30.22
5	边跨	59.78	38.97	−15.80	−15.80	−15.80
	中跨	41.39	41.39	−40.38	−40.38	−40.38
4	边跨	74.17	49.24	−19.75	−19.75	−19.75
	中跨	52.28	52.28	−51.01	−51.01	−51.01
3	边跨	81.93	56.57	−22.16	−22.16	−22.16
	中跨	59.97	59.97	−58.51	−58.51	−58.51
2	边跨	92.70	61.90	−22.74	−22.74	−22.74
	中跨	65.69	65.69	−64.09	−64.09	−64.09
1	边跨	98.93	67.84	−26.68	−26.68	−26.68
	中跨	71.94	71.94	−70.18	−70.18	−70.18

8.3　柱的内力调整

柱的内力调整以恒载为例进行讲解。

恒载作用下柱的剪力沿柱不变(由剪力图图 6-15 可知),所以不需调整;弯矩图如图 6-14 所示,为线性变化,可利用线性关系调整。

恒载作用下柱端弯矩调整结果见表 8-7。

表 8-7　恒载作用下柱端弯矩

柱类型	层号	柱端梁高/m		轴线处柱端弯矩/(kN·m)		柱端弯矩/(kN·m)	
		上	下	上	下	上	下
D 轴柱轴柱	7	0.6	0.6	44.31	32.46	40.62	29.76
	6	0.6	0.6	27.11	28.71	24.85	26.32
	5	0.6	0.6	28.71	28.71	26.32	26.32
	4	0.6	0.6	28.71	28.71	26.32	26.32
	3	0.6	0.6	28.71	29.27	26.32	26.83
	2	0.6	0.6	27.40	27.65	25.12	25.35
	1	0.6	0.6	24.14	12.07	22.69	11.35
C 轴柱轴柱	7	0.6	0.6	−34.25	−25.79	−31.40	−23.64
	6	0.6	0.6	−22.78	−23.51	−20.88	−21.55
	5	0.6	0.6	−23.51	−23.51	−21.55	−21.55
	4	0.6	0.6	−23.51	−23.51	−21.55	−21.55
	3	0.6	0.6	−23.51	−23.83	−21.55	−21.84
	2	0.6	0.6	−22.47	−22.02	−20.60	−20.19
	1	0.6	0.6	−19.92	−9.96	−18.72	−9.36

活载作用下柱端弯矩与剪力调整结果见表 8-8。

表 8-8　活载作用下柱端弯矩与剪力

柱类型	层号	柱端梁高/m		轴线处柱端弯矩/(kN·m)		柱端弯矩/(kN·m)	
		上	下	上	下	上	下
D 轴柱轴柱	7	0.6	0.6	13.05(4.31)	9.80(7.25)	11.96(4.31)	8.98(6.65)
	6	0.6	0.6	8.40(9.49)	8.82(8.82)	7.70(8.70)	8.09(8.09)
	5	0.6	0.6	8.82	8.82	8.09	8.09
	4	0.6	0.6	8.82	8.82	8.09	8.09
	3	0.6	0.6	8.82	8.94	8.09	8.20
	2	0.6	0.6	8.53	8.87	7.82	8.13
	1	0.6	0.6	7.92	3.96	7.44	3.63

柱类型	层号	柱端梁高/m		轴线处柱端弯矩/(kN·m)		柱端弯矩/(kN·m)	
		上	下	上	下	上	下
C 轴柱轴柱	7	0.6	0.6	−9.93（−3.26）	−7.57（−4.70）	−9.10（−2.99）	−6.94（−4.31）
	6	0.6	0.6	−6.73（−7.94）	−6.93（−6.93）	−6.17（−7.00）	−6.35（−6.35）
	5	0.6	0.6	−6.93	−6.93	−6.35	−6.35
	4	0.6	0.6	−6.93	−6.93	−6.35	−6.35
	3	0.6	0.6	−6.93	−6.98	−6.35	−6.40
	2	0.6	0.6	−6.69	−6.51	−6.13	−5.97
	1	0.6	0.6	−6.24	−3.12	−5.87	−2.86

注：括号中的数值表示雪荷载作用下的弯矩与剪力计算。

左风载作用下柱端弯矩与剪力调整结果见表 8-9。

表 8-9　左风载作用下柱端弯矩与剪力

柱类型	层号	柱端梁高/m		轴线处柱端弯矩/(kN·m)		柱端弯矩/(kN·m)	
		上	下	上	下	上	下
D 轴柱轴柱	7	0.6	0.6	−5.63	−3.52	−5.16	−3.23
	6	0.6	0.6	−10.39	−8.50	−9.52	−7.79
	5	0.6	0.6	−4.62	−12.81	−13.40	−11.74
	4	0.6	0.6	−18.49	−16.20	−16.95	−14.85
	3	0.6	0.6	−0.29	−20.29	−18.60	−18.60
	2	0.6	0.6	−22.78	−22.78	−20.88	−20.88
	1	0.6	0.6	−25.73	−47.78	−24.19	−44.91
C 轴柱轴柱	7	0.6	0.6	−7.42	−6.07	−6.80	−5.56
	6	0.6	0.6	−14.85	−13.01	−13.61	−11.93
	5	0.6	0.6	−20.24	−20.24	−18.55	−18.55
	4	0.6	0.6	−25.59	−25.59	−23.46	−23.46
	3	0.6	0.6	−29.94	−29.94	−27.45	−27.45
	2	0.6	0.6	−33.61	−33.61	−30.81	−30.81
	1	0.6	0.6	−39.84	−54.34	−37.45	−51.08

左震作用下柱端弯矩与剪力调整结果见表 8-10。

表 8-10　左震作用下柱端弯矩与剪力

柱类型	层号	柱端梁高/m		轴线处柱端弯矩/(kN·m)		柱端弯矩/(kN·m)	
		上	下	上	下	上	下
D 轴柱轴柱	7	0.6	0.6	−22.39	−14.02	−20.52	−12.85
	6	0.6	0.6	−30.30	−24.79	−27.78	−22.72
	5	0.6	0.6	−37.75	−33.07	−34.60	−30.31
	4	0.6	0.6	−44.56	−39.04	−40.85	−35.79
	3	0.6	0.6	−46.77	−46.77	−42.87	−42.87
	2	0.6	0.6	−50.26	−50.26	−46.07	−46.07
	1	0.6	0.6	−53.34	−99.06	−50.14	−93.12
C 轴柱轴柱	7	0.6	0.6	−29.54	−24.17	−27.08	−22.16
	6	0.6	0.6	−43.32	−37.95	−39.71	−34.79
	5	0.6	0.6	−52.24	−52.24	−47.89	−47.89
	4	0.6	0.6	−61.67	−61.67	−56.53	−56.53
	3	0.6	0.6	−68.99	−68.99	−63.24	−63.24
	2	0.6	0.6	−74.14	−74.14	−67.96	−67.96
	1	0.6	0.6	−82.59	−112.65	−77.63	−105.89

第9章 内力组合及截面设计

9.1 内力组合

9.1.1 结构的抗震等级

结构的抗震等级可以根据结构的类型、地震烈度、房屋高度等因素,由《建筑抗震设计规范》(GB 50011—2010)查得。根据《建筑抗震设计规范》(GB 50011—2010)可以知道本工程的框架为三级框架。

9.1.2 框架梁的内力组合

本设计考虑以下几种内力组合:

(1) $1.2S_{GK}+1.4S_{QK}$;

(2) $1.2S_{GK}+0.9\times1.4(S_{QK}+S_{WK})$ (左风、右风);

(3) $1.35S_{GK}+1.4\times0.7S_{QK}$;

(4) $1.2S_{GE}+1.3S_{EK}$ (其中 $S_{EK}=S_{GK}+0.5S_{QK}$)(左震、右震);

(5) $1.2S_{GK}+1.4S_{WK}$ (左风、右风)。

根据以上几种组合,结合梁柱的控制截面进行内力的计算。其中梁的控制界面位于梁端、柱边及最大弯矩处,柱的控制截面在柱底和柱顶。由于框架对称,梁的每一层有五个控制截面(1,2,3,4,5),其中2和5为跨中最大弯矩处,为简化计算,取跨中计算。

梁的内力组合结果见表9-1。

表9-1 横向框架KJ-9梁的内力组合表

层次	截面	内力	S_{GK}	S_{QK}	S_{WK}	S_{EK}	$1.2S_{GK}+1.4S_{QK}$		$1.2S_{GK}+1.26(S_{QK}+S_{WK})$		$1.2(S_{GK}+0.5S_{QK})+1.3S_{EK}$		$1.2S_{GK}$ $+1.4S_{WK}$	$1.35S_{GK}$ $+S_{QK}$	$V=\gamma_{RE}[\eta_{vb}(M_b^l+M_b^r)/l_n+V_{Gb}]$
							左	右	左	右	左	右			
7层	1	M	-27.87	-8.97	5.29	21.43	-26.04	-40.85	-38.08	-51.41	-10.97	-66.69	-46.00	-46.59	79.64
		V	68.5	19.88	-1.37	-5.46	80.28	84.12	105.5	108.97	87.03	101.23	110.03	112.36	
	3	M	46.5	13.22	3.09	12.71	60.12	51.474	76.35	68.56	80.26	47.21	74.31	75.99	
		V	-74.36	-21.39	-1.37	-5.46	-91.15	-87.31	-117.9	-114.46	-109.16	-94.97	-119.18	-121.8	
	4	M	-21.16	-6.02	3.16	13.55	-20.97	-29.82	-29	-36.95	-11.39	-46.62	-33.82	-34.59	52.29
		V	13.09	3.54	-3.33	-13.23	11.04	20.37	15.97	24.36	0.63	35.03	20.66	21.212	
	跨间	M_2	-101.2	-34.78	—	—	-121.4	-121.4	-165.3	-165.26	-142.31	-142.31	-170.13	-171.4	—
		M_5	17.49	4.95	—	—	20.98	20.98	27.22	27.22	23.96	23.96	27.92	28.56	

层次	截面	内力	S_{GK}	S_{QK}	S_{WK}	S_{EK}	$1.2S_{GK}+1.4S_{QK}$ 左	右	$1.2S_{GK}+1.26(S_{QK}+S_{WK})$ 左	右	$1.2(S_{GK}+0.5S_{QK})+1.3S_{EK}$ 左	右	$1.2S_{GK}+1.4S_{QK}$	$1.35S_{GK}+S_{QK}$	$V=\gamma_{RE}[\eta_{Vb}(M_b^l+M_b^r)/l_n+V_{Gb}]$
6层	1	M	-47.76	-13.57	13.02	42.32	-39.08	-75.54	-58.01	-90.81	-10.44	-120.47	-76.31	-78.05	
		V	67.66	20.29	-3.57	-11.45	76.19	86.19	102.26	111.25	78.48	108.25	109.60	111.63	86.90
	3	M	52.62	15.13	8.79	29.23	75.45	50.83	93.28	71.13	110.22	34.22	84.33	86.16	
		V	-69.5	-22.86	-3.57	-11.45	-88.4	-78.4	-116.7	-107.71	-112.00	-82.23	-115.40	-116.7	
	4	M	-12.3	-3.94	8.9	30.97	-2.3	-27.22	-8.51	-30.93	23.14	-57.39	-20.28	-20.55	58.97
		V	8.99	4.42	-9.37	-30.22	-2.33	23.90	4.551	28.16	-25.85	52.73	16.98	16.55	
	跨间	M_2	-75.47	-30.42	—	—	-90.56	-90.56	-128.9	-128.89	-108.82	-108.82	-133.15	-132.3	—
		M_5	9.47	1.79	—	—	11.36	11.36	13.61	13.61	12.44	12.44	13.87	14.57	
5层	1	M	-45.83	-13.07	21.66	59.78	-24.67	-85.32	-44.17	-98.75	14.88	-140.55	-73.29	-74.94	
		V	67.58	20.25	-5.83	-15.8	72.93	89.258	99.26	113.95	72.71	113.79	109.45	111.48	87.76
	3	M	51.7	15.19	13.92	38.97	81.52	42.552	98.71	63.64	121.82	20.49	83.31	84.98	
		V	-69.68	-21.01	-5.83	-15.8	-91.78	-75.45	-117.4	-102.74	-116.76	-75.68	-113.03	-115.1	
	4	M	-12.8	-4.08	14.13	41.39	4.42	-35.14	-2.69	-38.30	36.00	-71.62	-21.07	-21.36	71.32
		V	8.99	4.42	-14.89	-40.38	-10.06	31.634	-2.40	35.11	-39.05	65.93	16.98	16.55	
	跨间	M_2	-77.19	-31.99	—	—	-92.63	-92.63	-132.9	-132.94	-111.82	-111.82	-137.41	-136.2	—
		M_5	10.07	1.97	—	—	12.08	12.084	14.56	14.56	13.27	13.27	14.84	15.56	
4层	1	M	-45.83	-13.07	29.31	74.17	-13.96	-96.03	-34.53	-108.39	33.58	-159.26	-73.29	-74.94	
		V	67.58	20.25	-7.95	-19.75	69.96	92.226	96.59	116.62	67.57	118.92	109.45	111.48	88.84
	3	M	51.7	15.19	19.21	49.24	88.93	35.146	105.38	56.97	135.17	7.14	83.31	84.98	
		V	-69.68	-21.01	-7.95	-19.75	-94.75	-72.49	-120.1	-100.07	-121.90	-70.55	-113.03	-115.1	
	4	M	-12.8	-4.08	19.54	52.28	11.99	-42.72	4.11	-45.12	50.16	-85.77	-21.07	-21.36	83.61
		V	8.99	4.42	-20.53	-51.01	-17.95	39.53	-9.51	42.22	-52.87	79.75	16.98	16.55	
	跨间	M_2	-77.19	-30.91	—	—	-92.63	-92.63	-131.6	-131.57	-111.17	-111.17	-135.90	-135.1	—
		M_5	10.07	1.97	—	—	12.08	12.08	14.56	14.56	13.27	13.27	14.84	15.56	
3层	1	M	-45.83	-13.07	34.14	81.93	-7.2	-102.8	-28.45	-114.48	43.67	-169.35	-73.29	-74.94	
		V	67.58	20.25	-9.42	-22.16	67.90	94.28	94.742	118.48	64.44	122.05	109.45	111.48	91.63
	3	M	51.7	15.19	23.34	56.57	94.71	29.36	110.59	51.77	144.70	-2.39	83.31	84.98	
		V	-69.68	-21.01	-9.42	-22.16	-96.8	-70.43	-122	-98.21	-125.03	-67.41	-113.03	-115.1	
	4	M	-12.8	-4.08	23.62	59.97	17.708	-48.43	9.260	-50.26	60.15	-95.77	-21.07	-21.36	58.97
		V	8.99	4.42	-24.87	-58.51	-24.03	45.60	-14.98	47.69	-62.62	89.50	16.98	16.557	
	跨间	M_2	-77.19	-30.91	—	—	-92.63	-92.63	-131.6	-131.57	-111.17	-111.17	-135.90	-135.1	—
		M_5	10.07	1.97	—	—	12.08	12.08	14.56	14.56	13.27	13.27	14.84	15.565	

续表

层次	截面	内力	S_{GK}	S_{QK}	S_{WK}	S_{EK}	$1.2S_{GK}+1.4S_{QK}$ 左	右	$1.2S_{GK}+1.26(S_{QK}+S_{WK})$ 左	右	$1.2(S_{GK}+0.5S_{QK})+1.3S_{EK}$ 左	右	$1.2S_{GK}+1.4S_{QK}$	$1.35S_{GK}+S_{QK}$	$V=\gamma_{RE}[\eta_{Vb}(M_b^l+M_b^r)/l_n+V_{Gb}]$
2层	1	M	-45.17	-12.92	40.33	92.7	2.25	-110.7	-19.67	-121.3	58.55	-182.47	-72.29	-73.9	87.76
		V	67.53	20.24	-10.98	-22.74	65.66	96.40	92.70	120.37	63.62	122.74	109.37	111.41	
	3	M	51.3	15.13	26.66	61.9	98.88	24.23	114.22	47.03	151.11	-9.83	82.74	84.385	
		V	-69.72	-21.03	-10.98	-22.74	-99.04	-68.29	-124	-96.32	-125.84	-66.72	-113.11	-115.2	
	4	M	-13.04	-4.12	27.04	65.69	22.20	-53.5	13.23	-54.91	67.28	-103.52	-21.42	-21.72	71.32
		V	8.99	4.42	-28.46	-64.09	-29.06	50.63	-19.5	52.21	-69.88	96.76	16.98	16.557	
	跨间	M_2	-77.72	-31.06	—	—	-93.26	-93.26	-132.4	-132.4	-111.90	-111.90	-136.75	-136	—
		M_5	10.35	2.01	—	—	12.42	12.42	14.95	14.95	13.63	13.63	15.23	15.98	—
一层	1	M	-45.49	-12.58	44.35	98.93	7.502	-116.7	-14.56	-126.32	66.47	-190.75	-72.20	-73.99	88.84
		V	67.6	20.22	-12.5	-26.68	63.62	98.62	90.84	122.34	58.57	127.94	109.43	111.48	
	3	M	51.25	14.86	30.23	67.84	103.82	19.178	118.31	42.13	158.61	-17.78	82.30	84.04	
		V	-69.66	-21.04	-12.5	-26.68	-101.1	-66.09	-125.9	-94.35	-130.90	-61.53	-113.05	-115.1	
	4	M	-11.77	-3.94	31.25	71.94	29.62	-57.87	20.2	-58.46	77.03	-110.01	-19.64	-19.83	83.61
		V	8.99	4.42	-32.89	-70.18	-35.26	56.83	-25.08	57.79	-77.79	104.67	16.98	16.55	
	跨间	M_2	-77.6	-31.42	—	—	-93.12	-93.12	-132.7	-132.7	-111.97	-111.97	-137.11	-136.2	—
		M_5	8.8	1.8	—	—	10.56	10.56	12.82	12.82	11.64	11.64	13.08	13.68	—

9.1.4 梁端剪力的调整

抗震设计中,对于三级框架,其梁端剪力设计值应按下式调整:

$$V=\gamma_{RE}\left[\eta_{Vb}(M_b^l+M_b^r)/l_n+V_{Gb}\right]$$

1. 对于第7层

AB跨受力如图9-1所示。

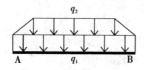

图9-1　AB跨受力图

梁上荷载设计值:

$$q_1=1.2\times3.92=4.70\ \text{kN/m}$$

$$q_2=1.2\times(20.77+0.5\times7.2)=29.24\ \text{kN/m}$$

$$V_{Gb}=4.70\times0.5\times6.6+29.24\times(0.9+1.5)=85.69\ \text{kN}$$

$$l_n=6.10\ \text{m}$$

左震:

$$M_b^l = 10.97 \text{ kN} \cdot \text{m}$$

$$M_b^r = 80.26 \text{ kN} \cdot \text{m}$$

$$\begin{aligned} V &= \gamma_{RE} \left[\eta_{Vb} (M_b^l + M_b^r) / l_n + V_{Gb} \right] \\ &= 0.75 \times \left[1.1 \times (10.98 + 80.26) / 6.1 + 85.69 \right] \\ &= 76.61 \text{ kN} \end{aligned}$$

右震：

$$M_b^l = 66.69 \text{ kN} \cdot \text{m}$$

$$M_b^r = 47.21 \text{ kN} \cdot \text{m}$$

$$\begin{aligned} V &= \gamma_{RE} \left[\eta_{Vb} (M_b^l + M_b^r) / l_n + V_{Gb} \right] \\ &= 0.75 \times \left[1.1 \times (66.69 + 47.21) / 6.1 + 85.69 \right] \\ &= 79.64 \text{ kN} \end{aligned}$$

BC 跨受力如图 9-2 所示。

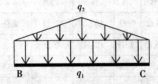

图 9-2　BC 跨的受力图

梁上荷载设计值：

$$q_1 = 1.2 \times 2.81 = 3.37 \text{ kN/m}$$

$$q_2 = 1.2 \times (13.85 + 0.5 \times 4.8) = 19.50 \text{ kN/m}$$

$$V_{Gb} = 3.37 \times 1.2 + 19.50 \times 0.5 \times 1.2 = 15.74 \text{ kN}$$

左震：

$$M_b^l = M_b^r = 11.39 \text{ kN} \cdot \text{m}$$

$$\begin{aligned} V &= \gamma_{RE} \left[\eta_{Vb} (M_b^l + M_b^r) / l_n + V_{Gb} \right] \\ &= 0.80 \times \left[1.1 \times (11.39 + 11.39) / 1.9 + 15.74 \right] \\ &= 23.14 \text{ kN} \end{aligned}$$

右震：

$$M_b^l = M_b^r = 46.62 \text{ kN} \cdot \text{m}$$

$$\begin{aligned} V &= \gamma_{RE} \left[\eta_{Vb} (M_b^l + M_b^r) / l_n + V_{Gb} \right] \\ &= 0.80 \times \left[1.1 \times (46.62 + 46.62) / 1.9 + 15.74 \right] \\ &= 55.77 \text{ kN} \end{aligned}$$

2. 对于第 1~6 层

AB 跨：

$$q_1 = 1.2 \times 10.57 = 12.68 \text{ kN/m}$$

$$q_2 = 1.2 \times (12.42 + 0.5 \times 7.2) = 19.22 \text{ kN/m}$$

$$V_{Gb} = 12.68 \times 3.3 + 19.22 \times (0.9 + 1.5) = 87.97 \text{ kN}$$

$$l_n = 6.1 \text{ m}$$

BC 跨：

$$q_1 = 1.2 \times 2.81 = 3.37 \text{ kN/m}$$

$$q_2 = 1.2 \times (8.28 + 0.5 \times 6.0) = 13.54 \text{ kN/m}$$

$$V_{Gb} = 3.37 \times 1.2 + 13.54 \times 0.5 \times 1.2 = 12.17 \text{ kN}$$

剪力调整方法同上，计算结果见各层梁的内力组合表（表9-1）。

9.1.5 柱的内力组合

对各层框架柱的柱底、柱顶控制截面分别进行内力组合，考虑三组最不利内力：

（1）$|M|_{max}$ 及相应的 N；

（2）N_{max} 及相应的 M；

（3）N_{min} 及相应的 M。

对每组内力考虑四种组合：

（1）$1.2S_{GK} + 1.4S_{QK}$；

（2）$1.2S_{GK} + 0.9 \times 1.4(S_{QK} + S_{WK})$ （左风、右风）；

（3）$1.35S_{GK} + 1.4 \times 0.7S_{QK}$；

（4）$1.2S_{GE} + 1.3S_{EK}$ （其中 $S_{EK} = S_{GK} + 0.5S_{QK}$）（左震、右震）；

（5）$1.2S_{GK} + 1.4S_{WK}$ （左风、右风）。

当涉及地震作用的效应组合时，取屋面为雪荷载时的内力进行组合（表9-2 中未列出）。

横向框架 D 柱弯矩及轴力组合见表9-2。

表9-2 横向框架 D 柱弯矩及轴力组合

层次	截面	内力	S_{GK}	S_{QK}	S_{WK}	S_{EK}	$1.2S_{GK} + 1.4S_{QK}$		$1.2S_{GK} + 1.26(S_{QK}+S_{WK})$		$1.2(S_{GK}+0.5S_{QK}) + 1.3S_{EK}$		$1.2S_{GK} + 1.4S_{QK}$	$1.35S_{GK} + S_{QK}$	$|M|_{max}$ 及 N	N_{min} 及 M	N_{max} 及 M
							左	右	左	右	左	右					
7	柱顶	M	40.62	11.96	-5.16	-20.52	41.52	55.97	57.31	70.32	24.65	78.01	65.49	66.80	78.01	24.65	66.80
		N	109.2	26.42	-1.37	-5.46	129.12	132.96	162.60	166.06	127.96	142.15	168.03	173.84	142.15	127.96	173.84
	柱底	M	29.76	8.98	-3.23	-12.85	31.19	40.23	42.96	51.10	23.00	56.41	48.28	49.16	56.41	23.00	49.16
		N	125.75	26.42	-1.37	-5.46	148.98	152.82	182.46	185.92	147.82	162.01	187.89	196.18	162.01	147.82	196.18
6	柱顶	M	24.85	7.7	-9.52	-27.78	16.49	43.15	27.53	51.52	-1.07	71.15	40.60	41.25	71.15	-1.07	41.25
		N	231.12	53.25	-4.94	16.91	270.43	284.26	338.21	350.66	319.42	275.46	351.89	365.26	275.46	319.42	365.26
	柱底	M	26.32	8.09	-7.79	-22.72	20.68	42.49	31.96	51.59	6.90	65.97	42.91	43.62	65.97	6.90	43.62
		N	248.67	53.25	-4.94	-16.91	291.49	305.32	359.27	371.72	296.52	340.48	372.95	388.95	340.48	296.52	388.95
5	柱顶	M	26.32	8.09	-13.4	-34.6	12.82	50.34	24.89	58.66	-8.54	81.42	42.91	43.62	81.42	-8.54	43.62
		N	353.96	80.04	-10.77	-32.17	409.67	439.83	512.03	539.17	430.96	514.60	536.81	557.89	514.60	430.96	557.89
	柱底	M	26.32	8.09	-11.74	-30.31	15.15	48.02	26.99	56.57	-2.97	75.84	42.91	43.62	75.84	-2.97	43.62
		N	370.51	80.04	-10.77	-32.17	429.53	459.69	531.89	559.03	450.82	534.46	556.67	580.23	534.46	450.82	580.23

层次	截面	内力	S_{GK}	S_{QK}	S_{WK}	S_{EK}	$1.2S_{GK}+1.4S_{QK}$ 左	右	$1.2S_{GK}+1.26(S_{QK}+S_{WK})$ 左	右	$1.2(S_{GK}+0.5S_{QK})+1.3S_{EK}$ 左	右	$1.2S_{GK}+1.4S_{QK}$	$1.35S_{GK}+S_{QK}$	$|M|_{max}$ 及 N	N_{min} 及 M	N_{max} 及 M
4	柱顶	M	26.32	8.09	-16.95	-40.85	7.85	55.31	20.42	63.13	-16.67	89.54	42.91	43.62	89.54	-16.67	43.62
		N	476.8	106.83	-18.72	-52.46	545.95	598.37	683.18	730.35	568.06	704.46	721.72	750.51	704.46	568.06	750.51
	柱底	M	26.32	8.09	-14.85	-35.79	10.79	52.37	23.07	60.49	-10.09	82.97	42.91	43.62	82.97	-10.09	43.62
		N	493.35	106.83	-18.72	-52.46	565.81	618.23	703.04	750.21	587.92	724.32	741.58	772.85	724.32	587.92	772.85
3	柱顶	M	26.32	8.09	-18.6	-42.87	5.54	57.62	18.34	65.21	-19.29	92.17	42.91	43.62	92.17	-19.29	43.62
		N	599.64	133.62	-28.14	-74.62	680.17	758.96	852.47	923.39	702.73	896.75	906.64	943.13	896.75	702.73	943.13
	柱底	M	26.83	8.2	-18.6	-42.87	6.16	58.24	19.09	65.96	-18.62	92.85	43.68	44.42	92.85	-18.62	44.42
		N	616.19	133.62	-28.14	-74.62	700.03	778.82	872.33	943.25	722.59	916.61	926.50	965.48	916.61	722.59	965.48
2	柱顶	M	25.12	7.82	-20.88	-46.07	0.91	59.38	13.69	66.31	-25.06	94.73	41.09	41.73	94.73	-25.06	41.73
		N	722.43	160.4	-39.12	-99.36	812.15	921.68	1019.73	1118.31	833.99	1092.32	1091.48	1135.68	1092.32	833.99	1135.68
	柱底	M	25.35	8.13	-20.88	-46.07	1.19	59.65	14.36	66.97	-24.59	95.19	41.80	42.35	95.19	-24.59	42.35
		N	738.98	160.4	-39.12	-99.36	832.01	941.54	1039.59	1138.17	853.85	1112.18	1111.34	1158.02	1112.18	853.85	1158.02
1	柱顶	M	22.69	7.44	-24.19	-50.14	-6.64	61.09	6.12	67.08	-33.49	96.87	37.64	38.07	96.87	-33.49	38.07
		N	860	187.16	-1.62	-126.04	1029.73	1034.27	1265.78	1269.86	980.44	1308.15	1294.02	1348.16	1308.15	980.44	1348.16
	柱底	M	11.35	3.63	-44.91	-93.12	-49.25	76.49	-38.39	74.78	-105.26	136.85	18.70	18.95	136.85	-105.26	18.95
		N	891.53	187.16	-51.62	-126.04	997.57	1142.10	1240.62	1370.70	1018.28	1345.98	1331.86	1390.73	1345.98	1018.28	1390.73

横向框架 D 柱剪力组合见表9-3。

表9-3 横向框架 D 柱剪力组合

层次	S_{GK}	S_{QK}	S_{WK}	S_{EK}	$1.2S_{GK}+1.26(S_{QK}+S_{WK})$ 左	右	$1.2(S_{GK}+0.5S_{QK})+1.3S_{EK}$ 左	右	$1.35S_{GK}+S_{QK}$	$1.2S_{GK}+1.4S_{QK}$	$V=\eta_{Vb}(M_b^l+M_b^r)/H_n$
7	-21.33	-6.35	2.54	10.11	-30.40	-36.80	-14.38	-10.34	-35.15	-34.49	44.73
6	-15.51	-4.78	5.25	15.3	-18.02	-31.25	-1.78	-8.24	-25.72	-25.30	47.34
5	-15.95	-4.9	7.62	19.67	-15.71	-34.92	3.49	-11.54	-26.43	-26.00	50.44
4	-15.95	-4.9	9.64	23.22	-13.17	-37.46	8.11	-13.85	-26.43	-26.00	55.28
3	-16.11	-4.93	11.27	25.98	-11.34	-39.74	11.48	-12.13	-26.68	-26.23	59.13
2	-15.29	-4.83	12.66	27.92	-8.48	-40.39	15.05	-8.06	-25.47	-25.11	68.30
1	-7.24	-2.38	14.7	30.48	6.84	-30.21	29.51	-48.31	-12.15	-12.02	77.64

横向框架C柱弯矩及轴力组合见表9-4。

表9-4 横向框架C柱弯矩及轴力组合

层次	截面	内力	S_{GK}	S_{QK}	S_{WK}	S_{EK}	$1.2S_{GK}+1.4S_{QK}$ 左	右	$1.2S_{GK}+1.26(S_{QK}+S_{WK})$ 左	右	$1.2(S_{GK}+0.5S_{QK})+1.3S_{EK}$ 左	右	$1.2S_{GK}+1.4S_{QK}$	$1.35S_{GK}+S_{QK}$	$\|M_{max}\|$及N	N_{min}及M	N_{max}及M
7	柱顶	M	-31.4	-9.1	-6.8	-27.08	-47.20	-28.16	-57.71	-40.58	-74.84	-4.43	-50.42	-51.49	-74.84	-74.84	-51.49
		N	135.48	37.29	-1.96	-7.77	159.83	165.32	207.09	212.03	158.03	178.23	214.78	220.19	158.03	158.03	220.19
	柱底	M	-23.64	-6.94	-0.56	-22.16	-29.15	-27.58	-37.82	-36.41	-59.76	-2.15	-38.08	-38.85	-59.76	-59.76	-38.85
		N	152.03	37.29	-1.96	-7.77	179.69	185.18	226.95	231.89	177.89	198.09	234.64	242.53	177.89	177.89	242.53
6	柱顶	M	-20.88	-6.17	-13.61	-39.17	-44.11	-6.00	-49.98	-15.68	-80.18	21.67	-33.69	-34.36	-80.18	-80.18	-34.36
		N	280.01	78.39	-7.76	-26.54	325.15	346.88	425.01	444.56	330.60	399.61	445.76	456.40	330.60	330.60	456.40
	柱底	M	-21.55	-6.35	-11.93	-34.79	-42.56	-9.16	-48.89	-18.83	-75.01	15.45	-34.75	-35.44	-75.01	-75.01	-35.44
		N	296.56	78.39	-7.76	-26.54	345.01	366.74	444.87	464.42	350.46	419.47	465.62	478.75	350.46	350.46	478.75
5	柱顶	M	-21.55	-6.35	-18.55	-47.89	-51.83	0.11	-57.23	-10.49	-92.04	32.48	-34.75	-35.44	-92.04	-92.04	-35.44
		N	424.72	117.64	-16.82	-51.12	486.12	533.21	636.70	679.08	513.79	646.70	674.36	691.01	513.79	513.79	691.01
	柱底	M	-21.55	-6.35	-18.55	-47.89	-51.83	0.11	-57.23	-10.49	-92.04	32.48	-34.75	-35.44	-92.04	-92.04	-35.44
		N	441.27	117.64	-16.82	-51.12	505.98	553.07	656.56	698.94	533.65	666.56	694.22	713.35	533.65	533.65	713.35
4	柱顶	M	-21.55	-6.35	-23.46	-56.53	-58.70	6.98	-63.42	-4.30	-103.27	43.71	-34.75	-35.44	-103.27	-103.27	-35.44
		N	569.43	156.89	-29.4	-82.38	642.16	724.48	843.95	918.04	670.36	884.54	902.96	925.62	670.36	670.36	925.62
	柱底	M	-31.4	-9.1	-6.8	-56.53	-47.20	-28.16	-57.71	-40.58	-115.09	31.89	-50.42	-51.49	-115.09	-115.09	-51.49
		N	585.98	156.98	-29.4	-82.38	662.02	744.34	863.93	938.01	692.02	906.20	922.95	948.05	692.02	692.02	948.05
3	柱顶	M	-23.64	-6.94	-0.56	-63.24	-29.15	-27.58	-37.82	-36.41	-114.36	50.06	-38.08	-38.85	-114.36	-114.36	-38.85
		N	714.14	196.14	-44.85	-118.73	794.18	919.76	1 047.5	1 160.6	820.30	1 129.00	1 131.5	1 160.23	820.30	820.30	1 160.2
	柱底	M	-20.88	-6.17	-13.61	-63.24	-44.11	-6.00	-49.98	-15.68	-111.11	53.32	-33.69	-34.36	-111.11	-111.11	-34.36
		N	730.69	196.14	-44.85	-118.73	814.04	939.62	1 067.4	1 180.4	840.16	1 148.86	1 151.4	1 182.57	840.16	840.16	1 182.5
2	柱顶	M	-21.55	-6.35	-11.93	-67.96	-42.56	-9.16	-48.89	-18.83	-117.89	58.81	-34.75	-35.44	-117.89	-117.89	-35.44
		N	858.98	235.14	-62.33	-158.03	943.51	1 118.0	1 248.5	1 405.5	966.42	1 377.30	1 359.9	1 394.76	966.42	966.42	1 394.7
	柱底	M	-21.55	-6.35	-18.55	-67.96	-51.83	0.11	-57.23	-10.49	-117.79	58.91	-34.75	-35.44	-117.79	-117.79	-35.44
		N	875.44	235.14	-62.33	-158.03	963.27	1 137.7	1 268.2	1 425.3	986.17	1 397.05	1 379.7	1 416.98	986.17	986.17	1 416.9
1	柱顶	M	-21.55	-6.35	-18.55	-77.63	-51.83	0.11	-57.23	-10.49	-127.30	74.54	-34.75	-35.44	-127.30	-127.30	-35.44
		N	1 018.5	274.69	-82.72	-201.58	1 106.4	1 338.0	1 464.1	1 672.5	1 125.01	1 649.12	1 606.8	1 649.72	1 125.01	1 125.01	1 649.7
	柱底	M	-21.55	-6.35	-23.46	-77.63	-58.70	6.98	-63.42	-4.30	-128.50	73.34	-34.75	-35.44	-128.50	-128.50	-35.44
		N	1 050.3	274.69	-82.72	-201.58	1 144.6	1 376.2	1 502.2	1 710.7	1 163.17	1 687.28	1 644.9	1 692.65	1 163.17	1 163.17	1 692.6

注:当涉及地震作用的效应组合时,柱子的内力组合取屋面为雪荷载时的内力进行组合,表中没有列出。

横向框架 C 柱剪力组合见表 9-5。

表 9-5　横向框架 C 柱剪力组合

层次	S_{GK}	S_{QK}	S_{WK}	S_{EK}	$1.2S_{GK}+$ $1.26(S_{QK}+S_{WK})$		$1.2(S_{GK}+0.5S_{QK})$ $+1.3S_{EK}$		$1.35S_{GK}$ $+S_{QK}$	$1.2S_{GK}$ $+1.4S_{QK}$	$V=\eta_{Vb}$ $(M_b^l+M_b^r)/H_n$
					左	右	左	右			
7	16.88	4.86	3.75	14.92	31.10	21.65	37.73	-1.07	27.65	27.06	-44.81
6	12.86	3.79	7.74	22.57	29.96	10.46	41.72	-16.96	21.15	20.738	-60.12
5	13.06	3.85	11.24	29.02	34.69	6.36	50.46	-24.99	21.48	21.062	-70.32
4	13.06	3.85	14.22	34.26	38.44	2.61	57.27	-31.81	21.48	21.062	-77.54
3	13.15	3.86	16.63	38.33	41.60	-0.31	62.65	-37.01	21.61	21.184	-83.21
2	12.36	3.67	18.67	41.19	42.98	-4.07	65.48	-41.61	20.36	19.97	-95.70
1	5.98	1.87	18.84	39.05	33.27	-14.21	56.51	-45.02	9.94	9.794	-70.88

9.1.6　柱端弯矩设计值的调整

以 D 柱为例进行计算如下。

第 7 层:按《建筑抗震设计规范》(GB 50011—2010),无须调整。

第 6 层:柱顶轴压比 $[u_N]=N/(A_cf_c)=275.46\times10^3/(14.3\times350\times500)=0.11<0.15$,无须调整。

柱底轴压比 $[u_N]=N/(A_cf_c)=340.4\times10^3/(14.3\times350\times500)=0.14<0.15$,无须调整。

第 5 层:柱顶轴压比 $[u_N]=N/(A_cf_c)=514.60\times10^3/(14.3\times350\times500)=0.21>0.15$,需要调整。

可知,1~5 层柱端组合的弯矩设计值应符合下式要求:

$$\sum M_c=\eta_c\sum M_b$$

式中　$\sum M_c$——节点上下柱端截面顺时针或逆时针方向组合的弯矩设计值之和,上下柱端的弯矩设计值可按弹性分析分配;

$\sum M_b$——节点左右梁端截面顺时针或逆时针方向组合弯矩设计值之和。

η_c——柱端弯矩增大系数,三级取 1.1。

D 柱柱端弯矩调整的结果见表 9-6。

表 9-6　横向框架 D 柱柱端组合弯矩设计值的调整

层次		5		4		3		2		1	
截面		柱顶	柱底	柱顶	柱底	柱顶	柱底	柱顶	柱底	柱顶	柱底
$\gamma_{RE}(\sum M_c=\eta_c\sum M_b)$		61.84	70.23	70.23	74.51	74.51	80.29	80.29	98.53	69.34	133.94
$\gamma_{RE}N$		437.41	454.29	598.79	615.67	762.24	779.12	928.47	945.35	1 111.93	1 144.08

横向框架 C 柱柱端组合弯矩设计值的调整见表 9-7。

表 9-7　横向框架 C 柱柱端组合弯矩设计值的调整

层次	5		4		3		2		1	
截面	柱顶	柱底	柱顶	柱底	柱顶	柱底	柱顶	柱底	柱顶	柱底
$\gamma_{RE}(\sum M_c = \eta_c \sum M_b)$	-65.17	-52.15	-70.49	-86.90	-86.90	-97.22	-97.22	-105.81	-105.81	-112.04
$\gamma_{RE}N$	134.33	151.21	281.01	297.89	436.72	453.6	569.81	588.22	697.26	714.14

9.2　截面设计

9.2.1　梁截面设计

设计思路如下。

对于边跨梁,首先利用跨中正弯矩设计值,以单筋 T 形截面来配置梁底纵筋(因为跨中梁顶负筋一般配置较少,以单筋截面设计带来的误差较小);然后根据"跨中梁底纵筋全部锚入支座"的原则确定支座的梁底纵筋,利用支座负弯矩设计值以双筋矩形截面来配置梁顶纵筋。纵筋的截断、锚固以构造要求确定。钢筋采用电渣压力焊接长,所以不考虑钢筋的搭接,然后按有关要求配置抗剪箍筋,验算梁抗剪承载力。

对于中跨梁,因其跨中正弯矩较小,所以利用支座正弯矩设计值,以单筋 T 形截面来配置梁底纵筋即可。其余操作同边跨梁。

设计参数如下。

(1)梁砼:C30($f_c = 14.3$ N/mm^2,$f_t = 1.43$ N/mm^2)。

(2)纵筋:HRB400($f_y = 360$ N/mm^2)。

(3)箍筋:HPB235($f_y = 210$ N/mm^2)。

(4)纵筋保护层厚:$a = a' = 25$ mm。

1.七层梁截面设计

1)边跨截面设计

Ⅰ.跨中截面设计

设计内力:

$M = 163.45$ kN·m

按 T 形单筋截面设计,首先确定截面几何参数:

$$b_f' = \left(\frac{l_0}{3}, b + s_n, b + 12h_f' \right)_{min}$$

其中,

$$\frac{l_0}{3} = \frac{6\ 600}{3} = 2\ 200 \text{ mm}。$$

$$b + s_n = 250 + 3\ 250 = 3\ 500 \text{ mm}$$

$$h_f'/h_0 = 100/(600 - 35) = 0.18 > 0.1 \quad (无须考虑 b + 12h_f')$$

所以,$b'_f = 2\,200$ mm。

截面简图如图 9-3 所示。

$$h_0 = h - a_s = 600 - 35 = 565 \text{ mm}$$

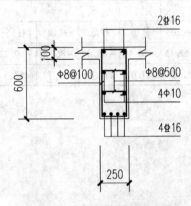

图 9-3　七层边跨梁跨中截面

因为 $\alpha_1 f_c b'_f h'_f (h_0 - h'_f/2) = 1.0 \times 14.3 \times 2\,200 \times 100 \times (565 - 100/2) = 1\,620.19$ kN·m > 163.45 kN·m,属于第 Ⅰ 类 T 形截面。

$$\alpha_s = \frac{M}{\alpha_1 f_c b'_f h_0^2} = \frac{163.45 \times 10^6}{1.0 \times 14.3 \times 2\,200 \times 565^2} = 0.016\,28$$

$$\xi = 1 - \sqrt{1 - 2\alpha_s} = 1 - \sqrt{1 - 2 \times 0.016\,3} = 0.016\,4 < \xi_b = 0.55$$

满足设计要求。

$$A_s = \frac{\xi \alpha_1 f_c b'_f h_0}{f_y} = \frac{0.016\,4 \times 1.0 \times 14.3 \times 2\,200 \times 565}{300} = 809.75 \text{ mm}^2$$

实配钢筋:

4 Φ 16,$A_s = 804$ mm^2

$$\rho_{min} = (0.25, 55 f_t/f_y)_{max} = 0.25\%$$

$$\rho = \frac{A_s}{bh_0} = \frac{804}{250 \times 565} = 0.57\% > \rho_{min}$$

满足设计要求。

Ⅱ. 支座处正筋配置

设计内力:

$$M = 10.97 \text{ kN·m}$$

抗震调整:

$$\gamma_{RE} M = 0.75 \times 10.97 = 8.23 \text{ kN·m} < 163.45 \text{ kN·m}$$

将跨中处的 4 Φ 16 直通支座,满足要求,故对七层的 CD 梁不再计算支座正弯矩作用下的梁底配筋。

Ⅲ. 支座处负筋配置

设计内力:

$$M = -66.69 \text{ kN·m} \xrightarrow{\times \gamma_{RE}} -50.02 \text{ kN·m}$$

$$h_0 = h - a_s = 600 - 35 = 565 \text{ mm}$$

已知支座负弯矩作用下,受压钢筋为$4\Phi16(A'_s = 804 \text{ mm}^2)$

$$\alpha_s = \frac{M - f'_y A'_s(h_0 - a')}{\alpha_1 f_c b h_0^2} = \frac{50.02 \times 10^6 - 360 \times 804 \times (565 - 35)}{1.0 \times 14.3 \times 250 \times 565^2} < 0$$

说明A'_s有富裕,且不会屈服,可近似取,所以,近似令$x = 2a'$配筋:

$$A'_s = \frac{M}{f_y(h_0 - a'_s)} = \frac{50.02 \times 10^6}{360 \times (565 - 35)} = 262.16 \text{ mm}^2$$

取$4\Phi16$, $A'_s = 804 \text{ mm}^2$

$$\rho_{min} = \left(0.3\%, 65\frac{f_t}{f_y}\%\right)_{max} = \left(0.3\%, 65 \times \frac{1.43}{360}\%\right)_{max} = 0.30\%$$

$$\rho = \frac{A'_s}{bh_0} = \frac{804}{250 \times 565} = 0.57\% > \rho_{min} = 0.3\%$$

$$\frac{A'_s}{A_s} = 1 > 0.3$$

满足设计要求。

2)中跨截面设计

Ⅰ. 跨中截面设计

设计内力:

$$M = 27.69 \text{ kN} \cdot \text{m}$$

按T形单筋截面设计,首先确定截面几何参数:

$$b'_f = \left(\frac{l_0}{3}, b + s_n, b + 12h'_f\right)_{min}$$

其中,$\dfrac{l_0}{3} = \dfrac{2\,400}{3} = 800 \text{ mm}$

$$b + s_n = 250 + 3\,250 = 3\,500 \text{ mm}$$

$$h'_f/h_0 = 100/(450 - 35) = 0.24 > 0.1 \quad （无须考虑 b + 12h'_f）$$

所以,$b'_f = 800 \text{ mm}$。

截面简图如图9-4所示。

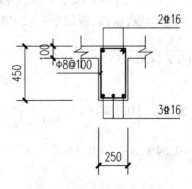

图9-4 七层跨梁跨中截面

$$h_0 = h - a_s = 450 - 35 = 415 \text{ mm}$$

因为$\alpha_1 f_c b'_f h'_f(h_0 - h'_f/2) = 1.0 \times 14.3 \times 800 \times 100 \times (415 - 100/2) = 417.56 \text{ kN} \cdot \text{m} > 27.69 \text{ kN} \cdot \text{m}$,属于第Ⅰ类T形截面。

$$\alpha_s = \frac{M}{\alpha_1 f_c b_f' h_0^2} = \frac{27.69 \times 10^6}{1.0 \times 14.3 \times 800 \times 415^2} = 0.014\ 05$$

$$\xi = 1 - \sqrt{1-2\alpha_s} = 1 - \sqrt{1-2 \times 0.014\ 1} = 0.014\ 2 < \xi_b = 0.55$$

满足设计要求。

$$A_s = \frac{\xi \alpha_1 f_c b_f' h_0}{f_y} = \frac{0.014\ 2 \times 1.0 \times 14.3 \times 800 \times 415}{360} = 187.27\ \text{mm}^2$$

$$\frac{A_s}{A} = \frac{187.27}{250 \times 450} = 0.16\% < 0.2\%$$

构造钢筋为 3 Φ 16($A_s = 603\ \text{mm}^2$)

$$\rho_{min} = (0.25, 55f_t/f_y)_{max} = 0.25\%$$

$$\rho = \frac{A_s}{bh_0} = \frac{603}{250 \times 450} = 0.54\% > \rho_{min}$$

满足设计要求。

Ⅱ. 支座处正筋配置

设计内力：

$$M = 11.39\ \text{kN} \cdot \text{m}$$

抗震调整：

$$\gamma_{RE} M = 0.75 \times 11.39 = 8.54\ \text{kN} \cdot \text{m} < 27.69\ \text{kN} \cdot \text{m}$$

将跨中处的 3 Φ 16 直通支座,满足要求,故对七层的 BC 梁不再计算支座正弯矩作用下的梁底配筋。

Ⅲ. 支座处负筋配置

设计内力：

$$M = -44.62\ \text{kN} \cdot \text{m} \xrightarrow{\times \gamma_{RE}} -33.47\ \text{kN} \cdot \text{m}$$

$$h_0 = h - a_s = 450 - 35 = 415\ \text{mm}$$

已知支座负弯矩作用下,受压钢筋为 3 Φ 16($A_s' = 603\ \text{mm}^2$)

$$\alpha_s = \frac{M - f_y' A_s'(h_0 - a')}{\alpha_1 f_c b h_0^2} = \frac{27.69 \times 10^6 - 360 \times 603 \times (450 - 35)}{1.0 \times 14.3 \times 250 \times 450^2} < 0$$

说明 A_s' 有富余,且不会屈服,可近似取,所以,近似令 $x = 2a'$ 配筋：

$$A_s' = \frac{M}{f_y(h_0 - a_s')} = \frac{33.47 \times 10^6}{360 \times (450 - 35)} = 224.03\ \text{mm}^2$$

取 3 Φ 16($A_s' = 603\ \text{mm}^2$)

$$\rho_{min} = \left(0.3\%, 65\frac{f_t}{f_y}\%\right)_{max} = \left(0.3\%, 65 \times \frac{1.43}{360}\%\right)_{max} = 0.30\%$$

$$\rho = \frac{A_s'}{bh_0} = \frac{603}{250 \times 450} = 0.54\% > \rho_{min} = 0.3\%$$

$$\frac{A_s'}{A_s} = \frac{603}{603} = 1 > 0.3$$

满足设计要求。

Ⅳ. 箍筋配置

支座剪力：

$V_{max} = 90.29$ kN

跨中剪力：

$V_{max} = -59.26$ kN

验算受剪截面：

$V_c = 0.2\beta_c f_c b h_0 = 0.2 \times 1.0 \times 14.3 \times 250 \times 565 = 403.97$ kN > 90.29 kN

截面满足要求。

加密区配置箍筋为 $\phi 8@100$（梁两端各 500 mm）。

非加密区配置箍筋为 $\phi 8@200$。

$$V_{u1} = 0.42 f_t b h_0 + 1.25 f_{yv} \frac{A_{sv}}{s} h_0$$

$$= 0.42 \times 1.43 \times 250 \times 565 + 1.25 \times 210 \times \frac{101}{100} \times 565$$

$$= 234.63 \text{ kN} > 90.29 \text{ kN}$$

满足设计要求。

$$V_{u2} = 0.42 f_t b h_0 + 1.25 f_{yv} \frac{A_{sv}}{s} h_0$$

$$= 0.42 \times 1.43 \times 250 \times 565 + 1.25 \times 210 \times \frac{101}{200} \times 565$$

$$= 159.73 \text{ kN} > 59.26 \text{ kN}$$

满足设计要求。

查《混凝土结构计算图表》第 5 章第 4 节,可得

$\rho_{sv} = 0.67$（加密区）

$\rho_{sv} = 0.33$（非加密区）

所以, $\rho_{sv} = \dfrac{0.67 \times 1\,000 + 0.33 \times 4\,870}{5\,870} = 0.388$

$$\rho_{sv,min} = 0.28 \frac{f_t}{f_{yv}} = 0.28 \times \frac{1.27}{210} = 0.169 < \rho_{sv} = 0.388$$

满足设计要求。

横向框架箍筋数量计算见表 9-8。

表 9-8　横向框架箍筋数量

层次	截面	V/kN	$0.2\beta_c f_c b h_0$ /kN	$\frac{A_{sv}}{s} = \frac{V - 0.42 f_t b h_0}{1.25 f_y h_0}$	梁端加密区 实配钢筋(A_{sv}/A)	非加密区 实配钢筋($\rho_{sv}\%$)
7	B,CL	79.64	403.98	-0.04	$2\phi 8@100(1.01)$	$2\phi 8@200(0.202)$
	CR	52.29	296.73	-0.17	全长加密 $2\phi 8@100(1.01)$	
6	B,CL	86.9	403.98	0.01	$2\phi 8@100(1.01)$	$2\phi 8@200(0.202)$
	CR	58.97	296.73	-0.17	全长加密 $2\phi 8@100(1.01)$	
5	B,CL	87.76	403.98	0.02	$2\phi 8@100(1.01)$	$2\phi 8@200(0.202)$
	CR	71.32	296.73	-0.09	全长加密 $2\phi 8@100(1.01)$	

层次	截面	V/kN	$0.2\beta_c f_c bh_0$ /kN	$\dfrac{A_{sv}}{s}=\dfrac{V-0.42f_t bh_0}{1.25f_y h_0}$	梁端加密区 实配钢筋(A_{sv}/A)	非加密区 实配钢筋(ρ_{sv}%)
4	B,CL	88.84	403.98	0.03	$2\phi8@100(1.01)$	$2\phi8@200(0.202)$
	CR	83.61	296.73	−0.01	全长加密 $2\phi8@100(1.01)$	
3	B,CL	91.63	403.98	0.05	$2\phi8@100(1.01)$	$2\phi8@200(0.202)$
	CR	92.29	296.73	0.05	全长加密 $2\phi8@100(1.01)$	
2	B,CL	94.33	403.98	0.06	$2\phi8@100(1.01)$	$2\phi8@200(0.202)$
	CR	99.03	296.73	0.10	全长加密 $2\phi8@100(1.01)$	
1	B,CL	96.93	403.98	0.08	$2\phi8@100(1.01)$	$2\phi8@200(0.202)$
	CR	110.57	296.73	0.17	全长加密 $2\phi8@100(1.01)$	

横向框架梁纵向钢筋计算见表9-9。

表9-9　横向框架梁纵向钢筋

层次	截面		M/(kN·m)	A_s'/mm^2	A_s/mm^2	实配钢筋 A_s'/mm^2	A_s'/A_s	ρ_v/(%)
7	支座	D	50.02	262.16		4 Φ 16($A_s=804$ mm^2)	1.0	0.569
		CL	60.2	315.51		4 Φ 16($A_s=804$ mm^2)	1.0	0.569
	DC 跨间		163.45		810.24	4 Φ 16($A_s=804$ mm^2)		0.569
	支座 CR		33.47	244.66		3 Φ 16($A_s=603$ mm^2)	1.0	0.581
	BC 跨间		27.69		186.66	3 Φ 16($A_s=603$ mm^2)		0.581
6	支座	D	90.35	473.53		4 Φ 16($A_s=804$ mm^2)	1.0	0.569
		CL	82.67	433.28		4 Φ 16($A_s=804$ mm^2)	1.0	0.569
	DC 跨间		126.57		626.24	4 Φ 16($A_s=804$ mm^2)		0.569
	支座 CR		43.04	225.58		4 Φ 16($A_s=804$ mm^2)	1.33	0.775
	BC 跨间		14.1		94.72	3 Φ 16($A_s=603$ mm^2)		0.581
5	支座	D	105.41	552.46		4 Φ 18($A_s=1\,018$ mm^2)	1.0	0.721
		CL	91.37	478.88		4 Φ 18($A_s=1\,018$ mm^2)	1.0	0.721
	DC 跨间		129.2		639.34	4 Φ 18($A_s=1\,018$ mm^2)		0.721
	支座 CR		53.72	392.69		4 Φ 18($A_s=1\,018$ mm^2)	1.33	0.981
	BC 跨间		15.06		101.19	3 Φ 18($A_s=763$ mm^2)		0.721
4	支座	D	119.46	626.10		3 Φ 18($A_s=763$ mm^2)	1.0	0.721
		CL	101.38	531.34		4 Φ 18($A_s=1\,018$ mm^2)	1.0	0.721
	DC 跨间		129.2		639.34	4 Φ 18($A_s=1\,018$ mm^2)		0.721
	支座 CR		64.33	470.25		4 Φ 18($A_s=1\,018$ mm^2)	1.33	0.981
	BC 跨间		15.06		101.19	3 Φ 18($A_s=763$ mm^2)		0.727

层次	截面		$M/(\mathrm{kN \cdot m})$	A_s'/mm^2	A_s/mm^2	实配钢筋 A_s'/mm^2	A_s'/A_s	$\rho_v/(\%)$
3	支座	D	127.01	665.67		4 Φ 18($A_s=1\,018\ \mathrm{mm}^2$)	1.0	0.721
		CL	108.53	568.82		4 Φ 18($A_s=1\,018\ \mathrm{mm}^2$)	1.0	0.721
	DC 跨间		129.2		639.34	4 Φ 18($A_s=1\,018\ \mathrm{mm}^2$)		0.721
	支座 CR		71.83	525.07		4 Φ 18($A_s=1\,018\ \mathrm{mm}^2$)	1.33	0.981
	BC 跨间		15.6		101.19	3 Φ 18($A_s=763\ \mathrm{mm}^2$)		0.727
2	支座	D	136.85	717.24		4 Φ 18($A_s=1\,018\ \mathrm{mm}^2$)	1.0	0.721
		CL	113.33	593.97		4 Φ 18($A_s=1\,018\ \mathrm{mm}^2$)	1.0	0.721
	DC 跨间		130.01		643.38	4 Φ 18($A_s=1\,018\ \mathrm{mm}^2$)		0.721
	支座 CR		77.64	567.54		4 Φ 18($A_s=1\,018\ \mathrm{mm}^2$)	1.33	0.981
	BC 跨间		15.47		103.96	3 Φ 18($A_s=763\ \mathrm{mm}^2$)		0.727
1	支座	D	143.06	749.79		4 Φ 18($A_s=1\,018\ \mathrm{mm}^2$)	1.0	0.721
		CL	118.96	623.48		4 Φ 18($A_s=1\,018\ \mathrm{mm}^2$)	1.0	0.721
	DC 跨间		130.13		643.97	4 Φ 18($A_s=1\,018\ \mathrm{mm}^2$)		0.721
	支座 CR		82.51	603.14		4 Φ 18($A_s=1\,018\ \mathrm{mm}^2$)	1.33	0.981
	BC 跨间		13.24	88.92		3 Φ 18($A_s=763\ \mathrm{mm}^2$)		0.727

9.2.2 框架柱截面设计

框架柱的设计基本要求有:强柱弱梁,使柱尽量不出现塑性铰;在弯曲破坏之前不发生剪切破坏,使柱有足够的抗剪能力;控制柱的轴压比不要太大;加强约束,配置必要的约束箍筋。

1. 剪跨比和柱的轴压比验算

表 9-10 中给出了框架柱各层剪跨比和轴压比的计算结果。注意表中的 M_c,V_c 和 N 都不应该考虑承载力抗震调整系数。由表中可见,各柱的剪跨比均**大于** 2,轴压比均**小于** 0.85,满足《建筑抗震设计规范》(GB 50011—2010)的要求。

表 9-10 柱的剪跨比和轴压比

柱号	层次	b/m	h_0/mm	$f_c/(\mathrm{N/mm}^2)$	$M_c/\mathrm{kN \cdot m}$	V_c/kN	N/kN	$\dfrac{M_c}{V_c h_0}$	$\dfrac{N}{f_c bh}$
D	7	350	460	14.30	78.01	44.73	162.01	3.791	0.065
	6	350	460	14.30	71.15	47.34	340.48	3.267	0.136
	5	350	460	14.30	81.42	50.44	534.46	3.509	0.214
	4	350	460	14.30	89.54	55.28	724.32	3.521	0.289
	3	350	460	14.30	92.17	59.13	916.61	3.389	0.366
	2	350	460	14.30	94.73	68.30	1 112.18	3.015	0.444
	1	400	560	14.30	96.87	77.64	1 345.98	2.228	0.392

柱号	层次	b/m	h_0/mm	f_c/(N/mm²)	M_c/kN·m	V_c/kN	N/kN	$\dfrac{M_c}{V_c h_0}$	$\dfrac{N}{f_c bh}$
C	7	350	460	14.30	74.84	44.81	178.66	3.631	0.071
	6	350	460	14.30	80.18	60.12	353.12	2.899	0.141
	5	350	460	14.30	92.04	70.32	538.76	2.845	0.215
	4	350	460	14.30	103.2	77.54	700.25	2.893	0.280
	3	350	460	14.30	114.36	83.21	852.04	2.988	0.340
	2	350	460	14.30	117.89	95.70	1 001.98	2.678	0.400
	1	400	560	14.30	127.30	70.88	1 183.00	3.207	0.345

2. 建筑材料

混凝土:所有框架柱均采用 C30 ,$f_t = 1.43$ N/mm²。

钢筋:所有纵向钢筋采用Ⅱ级钢筋(HRB400,Φ),$f_y = 360$ N/mm²;所有箍筋采用Ⅰ级钢筋(HPB235,ϕ),$f_y = 210$ N/mm²。

3. 正截面承载力计算

对于第⑨轴线框架柱,这里,以第七层 D 柱为例,详细说明计算方法和过程,柱截面尺寸为 350×500,取 $a = a' = 40$。按前面的三种内力组合,分别进行正截面验算。

1)$|M|_{max}$ 及相应的 N

柱正截面承载力计算:

$$|M|_{max} = \gamma_{RE} M_c^u = 84.9 \times 0.85 = 72.17 \text{ kN} \cdot \text{m}$$

$$N = 120.83 \text{ kN}$$

$$e_0 = \frac{M}{N} = \frac{72.17 \times 10^6}{120.83 \times 10^3} = 597.29 \text{ mm}$$

$$e_a = \left(\frac{h}{30}, 20\right)_{max} = \left(\frac{500}{30}, 20\right)_{max} = 20 \text{ mm}$$

$$e_i = e_0 + e_a = 597.29 + 20 = 617.29 \text{ mm}$$

$$l_0 = 1.25H = 1.25 \times 3.6 = 4.50 \text{ m}$$

由于 $l_0/h = 4\,500/500 = 9 > 8$,故应考虑偏心矩增大系数 η:

$$\zeta_1 = 0.2 + 2.7 e_i/h = 0.2 + 2.7 \times 617.29/500 = 3.53 > 1 \quad (\text{取 } \zeta_1 = 1)$$

$$\zeta_2 = 1.15 - 0.01 \frac{l_0}{h} = 1.15 - 0.01 \times 9 = 1.06 > 1 \quad (\text{取 } \zeta_2 = 1)$$

$$\eta = 1 + \frac{1}{1\,400 \dfrac{e_i}{h_0}} \left(\frac{l_0}{h}\right)^2 \zeta_1 \zeta_2 = 1 + \frac{1}{1\,400 \times \dfrac{617.29}{460}} \times 9.00^2 \times 1 \times 1 = 1.043$$

$$e = \eta e_i + \frac{h}{2} - a = 1.043 \times 617.29 + 500/2 - 40 = 853.83 \text{ mm}$$

由于对称配筋,故

$$\xi = \frac{x}{h_0} = \frac{N}{\alpha_1 f_c b h_0} = \frac{128.03 \times 10^3}{1.0 \times 14.3 \times 500 \times 460} = 0.038\,9 < \xi_b = 0.550$$

故属于正常大偏心受压情况,因此

$$A_s = A_s' = \frac{Ne - \alpha_1 f_c bx(h_0 - x/2)}{f_y'(h_0 - a')}$$

$$= \frac{128.03 \times 10^3 \times 853.83 - 1.0 \times 14.3 \times 350 \times 17.89 \times (460 - 17.89/2)}{360 \times (460 - 40)}$$

$$= 455.88 \text{ mm}^2$$

2)N_{max} 及相应的 M

Ⅰ. 选取内力设计值

根据柱的内力组合表9-2,选取不利内力值:

$$N_{max} = 173.84 \text{ kN}$$

$$M = 66.80 \text{ kN} \cdot \text{m}$$

此组内力不含地震组合,故不必对柱端弯矩进行调整。

Ⅱ. 承载力计算

$$e_0 = \frac{M}{N} = \frac{66.80 \times 10^6}{173.84 \times 10^3} = 384.26 \text{ mm}$$

$$e_a = \left(\frac{h}{30}, 20\right)_{max} = \left(\frac{500}{30}, 20\right)_{max} = 20 \text{ mm}$$

$$e_i = e_0 + e_a = 384.26 + 20 = 404.26 \text{ mm}$$

$$l_0 = 1.25H = 1.25 \times 3.6 = 4.50 \text{ m}$$

$$l_0/h = 4500/500 = 9 > 8$$

$$\zeta_1 = 0.2 + 2.7e_i/h = 0.2 + 2.7 \times 404.26/500 = 2.38 > 1 \quad (\text{取 } \zeta_1 = 1)$$

$$\zeta_2 = 1.15 - 0.01\frac{l_0}{h} = 1.15 - 0.01 \times 9 = 1.06 > 1 \quad (\text{取 } \zeta_2 = 1)$$

$$\eta = 1 + \frac{1}{1400\frac{e_i}{h_0}}\left(\frac{l_0}{h}\right)^2 \zeta_1\zeta_2 = 1 + \frac{1}{1400 \times \frac{404.26}{460}} \times 9^2 \times 1 \times 1 = 1.069$$

$$e = \eta e_i + \frac{h}{2} - a = 1.069 \times 404.26 + 500/2 - 40 = 642.15 \text{ mm}$$

$$\xi = \frac{x}{h_0} = \frac{N}{\alpha_1 f_c bh_0} = \frac{173.84 \times 10^3}{1.0 \times 14.3 \times 350 \times 460} = 0.0755 < \xi_b = 0.550$$

故属于正常大偏心受压情况。因此

$$A_s = A_s' = \frac{Ne - \alpha_1 f_c bx(h_0 - x/2)}{f_y'(h_0 - a')}$$

$$= \frac{173.84 \times 10^3 \times 642.15 - 1.0 \times 14.3 \times 350 \times 34.73 \times (460 - 34.73/2)}{360 \times (460 - 40)}$$

$$= 229.43 \text{ mm}^2$$

3)N_{min} 及相应的 M

Ⅰ. 根据柱内力组合表9-2,有

$$N_{min} = 22.07 \times 0.85 = 18.76 \text{ kN}$$

$$M = 123.94 \times 0.85 = 105.35 \text{ kN} \cdot \text{m}$$

Ⅱ. 承载力计算

$$e_0 = \frac{M}{N} = \frac{18.76 \times 10^6}{105.35 \times 10^3} = 178.07 \text{ mm}$$

$$e_a = \left(\frac{h}{30}, 20\right)_{\max} = \left(\frac{500}{30}, 20\right)_{\max} = 20 \text{ mm}$$

$$e_i = e_0 + e_a = 178.07 + 20 = 198.07 \text{ mm}$$

$$l_0 = 1.25H = 1.25 \times 3.6 = 4.50 \text{ m}$$

$$l_0/h = 4\,500/500 = 9 > 8$$

$$\zeta_1 = 0.2 + 2.7 e_i/h = 0.2 + 2.7 \times 198.07/500 = 1.27 > 1 \quad (\text{取} \ \zeta_2 = 1)$$

$$\zeta_2 = 1.15 - 0.01 \frac{l_0}{h} = 1.15 - 0.01 \times 9 = 1.06 > 1 \quad (\text{取} \ \zeta_2 = 1)$$

$$\eta = 1 + \frac{1}{1\,400\,\frac{e_i}{h_0}}\left(\frac{l_0}{h}\right)^2 \zeta_1 \zeta_2 = 1 + \frac{1}{1\,400 \times \frac{198.07}{460}} \times 9^2 \times 1 \times 1 = 1.134$$

$$e = \eta e_i + \frac{h}{2} - a = 1.134 \times 198.07 + 500/2 - 40 = 434.61 \text{ mm}$$

$$\xi = \frac{x}{h_0} = \frac{N}{\alpha_1 f_c b h_0} = \frac{105.35 \times 10^3}{1.0 \times 14.3 \times 350 \times 460} = 0.045\,8 < \xi_b = 0.550$$

故属于正常大偏心受压情况。因此

$$A_s = A_s' = \frac{Ne - \alpha_1 f_c b x (h_0 - x/2)}{f_y'(h_0 - a')}$$

$$= \frac{105.53 \times 10^3 \times 434.61 - 1.0 \times 14.3 \times 350 \times 21.07 \times (460 - 21.07/2)}{360 \times (460 - 40)} < 0$$

综合上述三种内力组合的配筋结果,又按照构造要求配筋,应满足 $\rho_{\min} \geqslant 0.8\%$,且单侧配筋率 $\rho_{s,\min} \geqslant 0.2\%$,选配 3 ⊈ 18,则有 $A_s = A_s' = 603 \text{ mm}^2$,配筋如图 9-5 所示。

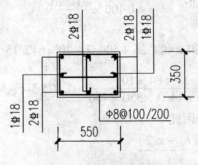

图 9-5　框架柱配筋简图

总配筋率:

$$\rho = \frac{8 \times 254}{350 \times 500} = 1.16\% > 0.8\%$$

单侧配筋率:

$$\rho = \frac{3 \times 254}{350 \times 500} = 0.44\% > 0.2\%$$

D 柱正截面承载力计算见表 9-11。

表 9-11　D 柱正截面承载力

层次	组合情况	位置	M	N	l_0/h	e_i	η	e	ξ	偏心情况	计算 A_s 和 A_s'	实配 A_s 和 A_s'	$\rho_v/(\%)$ 单侧	$\rho_v/(\%)$ 总
7	M_{max} 及相应的 N	柱顶	64.12	120.83	9	617.29	1.043	853.83	0.052	大偏心	324.73	3⌀18 $A_s = A_s' =$ 763.5 mm²	0.47	1.26
		柱底	44.56	137	9	401.61	1.006	614.02	0.060	大偏心	151.91			
	N_{min} 及相应的 M	柱顶	24.65	108.77	9	246.62	1.108	483.25	0.047	大偏心	24.55			
		柱底	23.00	125.65	9	203.05	1.131	439.65	0.055	大偏心	<0			
	N_{max} 及相应的 M	柱顶	66.80	173.84	9	404.26	1.066	640.94	0.076	大偏心	228			
		柱底	49.16	196.18	9	270.59	1.098	507.11	0.085	大偏心	86.55			
6	M_{max} 及相应的 N	柱顶	56.04	234.14	9	306.07	1.087	542.70	0.102	大偏心	164.28	3⌀18 $A_s = A_s' =$ 763.5 mm²	0.47	1.26
		柱底	65.71	289.41	9	247.05	1.108	483.73	0.126	大偏心	100.76			
	N_{min} 及相应的 M	柱顶	1.07	271.51	9	23.94	2.112	260.56	0.118	大偏心	<0			
		柱底	10.82	252.04	9	62.93	1.423	299.55	0.109	大偏心	<0			
	N_{max} 及相应的 M	柱顶	41.25	365.26	9	132.93	1.2	369.52	0.159	大偏心	<0			
		柱底	43.62	388.95	9	132.15	1.201	368.71	0.169	大偏心	<0			
2	M_{max} 及相应的 N	柱顶	85.31	928.47	9	111.88	1.238	348.51	0.403	大偏心	<0	3⌀20 $A_s = A_s' =$ 941 mm²	0.58	1.56
		柱底	104.69	945.35	9	130.74	1.204	367.41	0.411	大偏心	11.58			
	N_{min} 及相应的 M	柱顶	28.22	708.89	9	59.81	1.445	296.43	0.308	大偏心	<0			
		柱底	38.18	725.77	9	72.61	1.367	309.26	0.315	大偏心	<0			
	N_{max} 及相应的 M	柱顶	50.68	1 135.68	9	64.63	1.412	301.26	0.493	大偏心	<0			
		柱底	53.38	1 158.02	9	66.1	1.403	302.74	0.503	大偏心	<0			
1	M_{max} 及相应的 N	柱顶	73.67	1 111.93	10.42	86.25	1.504	389.72	0.347	大偏心	<0	3⌀22 $A_s = A_s' =$ 1 140 mm²	0.51	1.36
		柱底	142.32	1 144.08	10.42	144.4	1.301	447.86	0.357	大偏心	<0			
	N_{min} 及相应的 M	柱顶	25.67	833.37	10.42	50.81	1.855	354.25	0.260	大偏心	<0			
		柱底	111.84	865.4	10.42	149.24	1.291	452.67	0.270	大偏心	<0			
	N_{max} 及相应的 M	柱顶	47.47	1 348.16	10.42	55.21	1.787	358.66	0.421	大偏心	<0			
		柱底	36.48	1 390.73	10.42	46.23	1.939	349.64	0.434	大偏心	<0			

表 9-12　C 柱正截面承载力

层次	组合情况	位置	M	N	l_0/h	e_i	η	e	ξ	偏心情况	计算 A_s 和 A_s'	实配 A_s 和 A_s'	$\rho_v/(\%)$ 单侧	$\rho_v/(\%)$ 总
7	M_{max} 及相应的 N	柱顶	61.31	134.98	9	474.22	1.056	710.83	0.059	大偏心	24.73	3⌀18 $A_s = A_s' =$ 763.5 mm²	0.47	1.26
		柱底	48.92	151.86	9	342.14	1.078	578.75	0.066	大偏心	<0			
	N_{min} 及相应的 M	柱顶	61.31	134.98	9	474.22	1.056	710.83	0.059	大偏心	24.73			
		柱底	48.92	151.86	9	342.14	1.078	578.75	0.066	大偏心	<0			
	N_{max} 及相应的 M	柱顶	51.49	220.19	9	253.84	1.105	490.46	0.096	大偏心	<0			
		柱底	38.35	242.53	9	178.12	1.149	414.74	0.105	大偏心	<0			

层次	组合情况	位置	M	N	l_0/h	e_i	η	e	ξ	偏心情况	计算 A_s 和 A'_s	实配 A_s 和 A'_s	$\rho_r/(\%)$ 单侧	$\rho_r/(\%)$总
6	M_{max} 及相应的 N	柱顶	64.82	281.01	9	250.67	1.106	487.28	0.122	大偏心	<0	$3\,\Phi\,18$ $A_s=A'_s=$ $763.5\ \text{mm}^2$	0.47	1.26
		柱底	92.33	297.89	9	329.95	1.081	566.56	0.129	大偏心	<0			
	N_{min} 及相应的 M	柱顶	64.82	281.01	9	250.67	1.106	487.28	0.122	大偏心	<0			
		柱底	92.33	297.89	9	329.95	1.081	566.56	0.129	大偏心	<0			
	N_{max} 及相应的 M	柱顶	34.36	456.4	9	95.28	1.279	331.90	0.198	大偏心	<0			
		柱底	35.44	478.75	9	94.03	1.283	330.64	0.208	大偏心	<0			
2	M_{max} 及相应的 N	柱顶	119.04	830.15	9	163.40	1.163	400.01	0.361	大偏心	<0	$3\,\Phi\,20$ $A_s=A'_s=$ $941\ \text{mm}^2$	0.58	1.56
		柱底	147.17	847.03	9	193.75	1.137	430.36	0.368	大偏心	<0			
	N_{min} 及相应的 M	柱顶	119.04	830.15	9	163.40	1.163	400.01	0.361	大偏心	<0			
		柱底	147.17	847.03	9	193.75	1.137	430.36	0.368	大偏心	<0			
	N_{max} 及相应的 M	柱顶	6.96	1 405.82	9	24.95	2.067	261.57	0.611	小偏心	<0			
		柱底	7.72	1 425.68	9	25.41	2.047	262.03	0.619	小偏心	<0			
1	M_{max} 及相应的 N	柱顶	103.56	956.26	10.42	128.30	1.339	431.73	0.299	大偏心	75.95	$3\,\Phi\,22$ $A_s=A'_s=$ $1\,140\ \text{mm}^2$	0.51	1.36
		柱底	170.29	988.69	10.42	192.24	1.226	495.67	0.309	大偏心	429.33			
	N_{min} 及相应的 M	柱顶	103.56	956.26	10.42	128.30	1.339	431.73	0.299	大偏心	75.95			
		柱底	170.29	988.69	10.42	192.24	1.226	495.67	0.309	大偏心	429.33			
	N_{max} 及相应的 M	柱顶	18.43	1 672.58	10.42	31.02	2.400	334.45	0.522	小偏心	<0			
		柱底	52.59	1 710.74	10.42	50.74	1.856	354.17	0.534	小偏心	<0			

4. 斜截面受剪承载力计算

对于第⑨轴线框架柱,这里,以第 7 层 D 柱为例,详细说明计算方法和过程,柱截面尺寸为 350×500,取 $a = a' = 40$。

$$V = \eta_{Vc}(M_c^t + M_c^b)/H_n$$
$$= 44.73\ \text{kN}$$

由于框架柱的反弯点在柱层高范围内,可取剪压比

$$\lambda = \frac{H_n}{2h_0} = \frac{3\,600}{2 \times 460} = 3.91 > 3 \quad (\text{取}\ \lambda = 3)$$

$$\frac{\gamma_{RE}V}{\beta_c f_c b h_0} = \frac{0.85 \times 44.73 \times 10^3}{1.0 \times 14.3 \times 350 \times 460} = 0.016\ 5 < 0.2$$

满足设计要求。

考虑地震作用组合的框架柱的轴向压力设计值

$$N = 173.84/0.85 = 204.52\ \text{kN}$$
$$< 0.3 f_c A = 0.3 \times 14.3 \times 450 \times 410/1\,000 = 791.51\ \text{kN}$$

取 $N = 204.52\ \text{kN}$。

由 $V \leqslant \dfrac{1}{\gamma_{RE}}\left[\dfrac{1.05}{1+\lambda}f_t b h_0 + f_{yv}\dfrac{A_{sv}}{s}h_0 + 0.056 N\right]$,得

$$\frac{A_{sv}}{s} \geqslant \frac{\gamma_{RE} V - \frac{1.05}{1+\lambda} f_t bh_0 - 0.056 N}{f_{yv} h_0}$$

$$= \frac{0.85 \times 44.73 \times 10^3 - 1.05/4 \times 1.43 \times 350 \times 460 - 0.056 \times 204.52 \times 10^3}{210 \times 460}$$

$$< 0$$

柱端箍筋加密区选配四肢箍 $4\phi8@100$,非加密区选配三肢箍 $4\phi8@200$,则实际有

$$\frac{A_{sv}}{s} = \frac{4 \times 50.3}{100} = 2.012 > 0.027$$

7 层柱柱底轴压比

$$n = \frac{N}{f_c A} = \frac{196.18 \times 10^3}{14.3 \times 350 \times 500} = 0.078 < 0.8$$

根据 n 查《建筑抗震设计规范》(GB 50011—2010),有配箍特征值 $\lambda_v = 0.08$,故

$$\rho_{v,min} = \lambda_v f_c / f_{yv} = 0.06 \times 14.3/210 = 0.409\% < 0.6\%$$

$$\rho_v = \frac{n_1 A_{s1} l_1 + n_2 A_{s2} l_2}{A_{cor} s}$$

$$= \frac{4 \times 50.3 \times 310 + 4 \times 50.3 \times 460}{310 \times 460 \times 100} = 1.09\% > \rho_{v,min} = 0.545\%$$

加密区范围:

$$(H_c, H_n/6, 500)_{min} = (500, 3600/6, 500)_{min} = 600 \text{ mm}$$

取 600 mm。

柱的箍筋数量见表 9-13。

表 9-13 柱的箍筋数量

柱号	层次	V/kN	N/kN	$0.2\beta_c f_c bh_0$/kN	$0.3 f_c A$/kN	$\frac{A_{sv}}{s}$	$\lambda_v f_c / f_{yv}$ /(%)	实配钢筋/(%) 加密区	非加密区
D	7	44.73	204.52	460.46 > 0.85 V	750.75	<0	0.545	$4\phi8@100$	$4\phi8@200$
	6	47.34	429.71	460.46 > 0.85 V	750.75	<0	0.545	$4\phi8@100$	$4\phi8@200$
	2	68.3	1 336.09	460.46 > 0.85 V	750.75	<0	0.795	$4\phi8@100$	$4\phi8@200$
	1	77.64	1 362.37	640.64 > 0.85 V	1 029.6	<0	0.561	$4\phi8@100$	$4\phi8@200$
C	7	44.81	259.05	460.46 > 0.85 V	750.75	<0	0.545	$4\phi8@100$	$4\phi8@200$
	6	60.12	536.94	460.46 > 0.85 V	750.75	<0	0.545	$4\phi8@100$	$4\phi8@200$
	2	95.7	1 653.91	460.46 > 0.85 V	750.75	<0	0.968	$4\phi8@100$	$4\phi8@200$
	1	70.88	1 967.74	640.64 > 0.85 V	1 029.6	<0	0.545	$4\phi8@100$	$4\phi8@200$

9.2.4　节点设计

框架节点的设计基本要求有:节点的承载力不应低于其连接构件的承载力;梁柱纵筋在节点区有可靠的锚固。总之,设计成"强节点,强锚固"。

梁柱节点核心区的剪力设计值

$$V_j = \frac{\eta_c \sum M_b}{h_{b0} - a_s'}\left(1 - \frac{h_{b0} - a_s'}{H_c - h_b}\right)$$

由上式可知，$V_j \propto \sum M_b$，所以，取 $\sum M_{b,max}$ 进行验算。

1. 一层中节点

根据内力组合结果，取 $M_b^l = 158.61$ kN·m，$M_b^r = 110.01$ kN·m 验算中节点。

由　$\eta_c = 1.1$

$$h_b = \frac{600 + 450}{2} = 525 \text{ mm}$$

$$a_s' = 35 \text{ mm}$$

$$H_c = 0.500 \times 3.6 + 0.423 \times 5.0 = 3\,915 \text{ mm}$$

$$h_{b0} = \frac{565 + 415}{2} = 490 \text{ mm}$$

可得

$$V_j = \frac{\eta_c \sum M_b}{h_{b0} - a_s'}\left(1 - \frac{h_{b0} - a_s'}{H_c - h_b}\right)$$

$$= \frac{1.1 \times (158.61 + 110.01) \times 10^3}{490 - 35}\left(1 - \frac{490 - 35}{3\,915 - 525}\right)$$

$$= 562.25 \text{ kN}$$

节点核心区截面受剪承载力验算：

$$V_j \leqslant \frac{1}{\gamma_{RE}}\left(1.1\eta_j f_t b_j h_j + 0.05\eta_j N \frac{b_j}{b_c} + f_{yv} A_{svj} \frac{h_{b0} - a_s'}{s}\right)$$

$$= \frac{1}{0.85}\left(1.1 \times 1.5 \times 1.43 \times 400 \times 600 + 0.05 \times 1.5 \times 1\,011.52 \times 10^3 \times \frac{400}{400} + 210 \times 201 \times \frac{490 - 35}{100}\right)$$

$$= 986.38 \text{ kN} \geqslant 562.25 \text{ kN}$$

满足设计要求。

节点核心区组合剪力设计值验算：

$$V_j \leqslant \frac{1}{\gamma_{RE}}(0.30\eta_j \beta_c f_c b_j h_j)$$

$$= \frac{1}{0.85}(0.30 \times 1.5 \times 14.3 \times 400 \times 600)$$

$$= 2\,119.76 \text{ kN} \geqslant 562.25 \text{ kN}$$

满足设计要求。

综上所述，节点安全。

2. 二层中节点验算

根据内力组合结果，取 $M_b^l = 151.11$ kN·m，$M_b^r = 103.52$ kN·m 验算中节点。

由　$\eta_c = 1.1$

$$h_b = \frac{600 + 450}{2} = 525 \text{ mm}$$

$$a_s' = 35 \text{ mm}$$

$$H_c = 0.5 \times 3.6 + 0.5 \times 3.6 = 3\,600 \text{ mm}$$

$$h_{b0} = \frac{565 + 415}{2} = 490 \text{ mm}$$

可得

$$V_j = \frac{\eta_c \sum M_b}{h_{b0} - a'_s}\left(1 - \frac{h_{b0} - a'_s}{H_c - h_b}\right)$$

$$= \frac{1.1 \times (151.11 + 103.52) \times 10^3}{490 - 35}\left(1 - \frac{490 - 35}{3\,600 - 525}\right)$$

$$= 524.5 \text{ kN}$$

节点核心区截面受剪承载力验算：

$$V_j \leqslant \frac{1}{\gamma_{RE}}\left(1.1\eta_j f_t b_j h_j + 0.05\eta_j N \frac{b_j}{b_c} + f_{yv} A_{svj} \frac{h_{b0} - a'_s}{s}\right)$$

$$= \frac{1}{0.85}\left(1.1 \times 1.5 \times 1.43 \times 350 \times 500 + 0.05 \times 1.5 \times 852.04 \times 10^3 \times \frac{350}{350} + 210 \times 201 \times \frac{490 - 35}{100}\right)$$

$$= 791.87 \text{ kN} \geqslant 524.5 \text{ kN}$$

满足设计要求。

节点核心区组合剪力设计值验算：

$$V_j \leqslant \frac{1}{\gamma_{RE}}(0.30\eta_j \beta_c f_c b_j h_j)$$

$$= \frac{1}{0.85}(0.30 \times 1.5 \times 14.3 \times 350 \times 500)$$

$$= 1\,126.13 \text{ kN} \geqslant 524.5 \text{ kN}$$

满足设计要求。

综上所述，节点安全。

3. 六层中节点验算

根据内力组合结果，取 $M_b^l = 110.22$ kN · m, $M_b^r = 57.39$ kN · m 验算中节点。

由 $\quad \eta_c = 1.1$

$$h_b = \frac{600 + 450}{2} = 525 \text{ mm}$$

$$a'_s = 35 \text{ mm}$$

$$H_c = 0.533 \times 3.6 + 0.45 \times 3.6 = 3\,539 \text{ mm}$$

$$h_{b0} = \frac{565 + 415}{2} = 490 \text{ mm}$$

可得

$$V_j = \frac{\eta_c \sum M_b}{h_{b0} - a'_s}\left(1 - \frac{h_{b0} - a'_s}{H_c - h_b}\right)$$

$$= \frac{1.1 \times (110.22 + 57.39) \times 10^3}{490 - 35}\left(1 - \frac{490 - 35}{3\,539 - 525}\right)$$

$$= 344.04 \text{ kN}$$

节点核心区截面受剪承载力验算：

$$V_j \leqslant \frac{1}{\gamma_{RE}}\left(1.1\eta_j f_t b_j h_j + 0.05\eta_j N \frac{b_j}{b_c} + f_{yv} A_{svj} \frac{h_{b0} - a'_s}{s}\right)$$

$$= \frac{1}{0.85}\left(1.1 \times 1.5 \times 1.43 \times 350 \times 500 + 0.05 \times 1.5 \times 178.66 \times 10^3 \times \frac{350}{350} + 210 \times 201 \times \frac{490-35}{100}\right)$$

$$= 732.46 \text{ kN} \geqslant 344.04 \text{ kN}$$

满足设计要求。

节点核心区受剪截面验算：

$$V_j \leqslant \frac{1}{\gamma_{RE}}(0.30\eta_j\beta_c f_c b_j h_j)$$

$$= \frac{1}{0.85}(0.30 \times 1.5 \times 14.3 \times 350 \times 500)$$

$$= 1\,126.13 \text{ kN} \geqslant 344.04 \text{ kN}$$

满足设计要求。

综上所述，节点安全。

4. 七层中节点验算

根据内力组合结果，取 $M_b^l = 80.26 \text{ kN} \cdot \text{m}$，$M_b^r = 46.62 \text{ kN} \cdot \text{m}$ 验算中节点。

由　　$\eta_c = 1.1$

$$h_b = \frac{600 + 450}{2} = 525 \text{ mm}$$

$$a_s' = 35 \text{ mm}$$

$$H_c = 0.55 \times 3\,600 = 1\,980 \text{ mm}$$

$$h_{b0} = \frac{565 + 415}{2} = 490 \text{ mm}$$

可得

$$V_j = \frac{\eta_c \sum M_b}{h_{b0} - a_s'}\left(1 - \frac{h_{b0} - a_s'}{H_c - h_b}\right)$$

$$= \frac{1.1 \times (80.26 + 46.62) \times 10^3}{490 - 35}\left(1 - \frac{490 - 35}{1\,800 - 525}\right)$$

$$= 197.28 \text{ kN}$$

节点核心区截面受剪承载力验算：

$$V_j \leqslant \frac{1}{\gamma_{RE}}\left(1.1\eta_j f_t b_j h_j + 0.05\eta_j N \frac{b_j}{b_c} + f_{yv}A_{svj}\frac{h_{b0} - a_s'}{s}\right)$$

$$= \frac{1}{0.85}\left(1.1 \times 1.5 \times 1.43 \times 350 \times 500 + 0.05 \times 1.5 \times 0 \times \frac{350}{350} + 210 \times 201 \times \frac{490-35}{100}\right)$$

$$= 716.69 \text{ kN} \geqslant 197.28 \text{ kN}$$

满足设计要求。

节点核心区受剪截面验算：

$$V_j \leqslant \frac{1}{\gamma_{RE}}(0.30\eta_j\beta_c f_c b_j h_j)$$

$$= \frac{1}{0.85}(0.30 \times 1.5 \times 14.3 \times 350 \times 500)$$

$$= 1\,126.13 \text{ kN} \geqslant 197.28 \text{ kN}$$

满足设计要求。

综上所述，节点安全。

第 10 章　楼板设计

10.1　楼板类型及设计方法的选择

根据塑性理论，当 $l_{02}/l_{01} < 3$ 时，在荷载作用下，楼板在两个正交方向受力且都不可忽略，在本方案中，$l_{02}/l_{01} = 1.833$，故属于双向板。设计时按塑性铰线法设计。

10.2　设计参数

双向板肋梁楼盖结构布置图和板带划分图如图 10-1 所示。

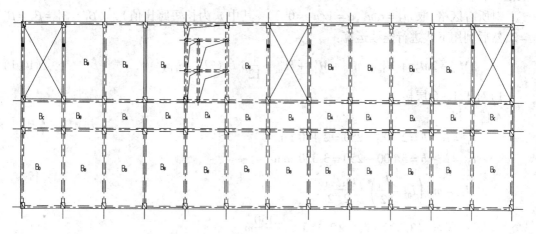

图 10-1　板带划分图

1. 设计荷载

(1) 对于 2~6 层楼面：

$$q = 2.0 \ kN/m^2 \qquad g = 3.45 \ kN/m^2$$

由可变效应控制的组合：$1.4 \times 2.0 + 1.2 \times 3.45 = 6.94 \ kN/m^2$。

由永久效应控制的组合：$1.35 \times 3.45 + 1.4 \times 2.0 \times 0.7 = 6.62 \ kN/m^2$。

取由可变荷载效应控制的组合。

走廊板：

$$q = 2.5 \ kN/m^2 \qquad g = 3.45 \ kN/m^2$$

由可变效应控制的组合：$1.4 \times 2.5 + 1.2 \times 3.45 = 7.64 \ kN/m^2$。

由永久效应控制的组合：$1.35 \times 3.45 + 1.4 \times 2.5 \times 0.7 = 7.11 \ kN/m^2$。

取由可变荷载效应控制的组合。

(2) 对于 7 层屋面：

$$q = 2.0 + 0.5 = 2.5 \ kN/m^2 \qquad g = 5.77 \ kN/m^2$$

由可变效应控制的组合:$1.4 \times 2.5 + 1.2 \times 5.77 = 10.42 \text{ kN/m}^2$。

由永久效应控制的组合:$1.35 \times 5.77 + 1.4 \times 2.5 \times 0.7 = 10.24 \text{ kN/m}^2$。

取由可变荷载效应控制的组合。

2. 计算跨度

(1)内跨:$l_0 = l_c - b$(其中 l_c 为轴线长、b 为梁宽)。

(2)边跨:$l_0 = l_c - 250 + 50 - b/2$。

楼板采用 C30 混凝土,板中钢筋采用 I 级钢筋,板厚选用 100 mm,$h/l_{01} = 100/3\,600 = 1/36 \geqslant 1/50$,符合构造要求。

10.3 弯矩计算

首先假定边缘板带跨中配筋率与中间板带相同,支座截面配筋率不随板带而变,取同一数值。

对所有区格,取 $m_2 = \alpha m_1$,$\alpha = 1/n^2 = 0.30$(其中 n 为长短跨比值),取 $\beta_1 = \beta'_1 = \beta_2 = \beta'_2 = 2$,然后利用下式进行连续运算:

$$2M_{1u} + 2M_{2u} + M'_{1u} + M''_{1u} + M'_{2u} + M''_{2u} = \frac{1}{12}p_u l_{01}^2(3l_{02} - l_{01}) \tag{10-1}$$

1)对于 1~6 层楼面

A 区格板:

$$l_{01} = l_1 - b = 2\,400 - 250 = 2\,150 \text{ mm}$$

$$l_{02} = l_2 - b = 3\,600 - 250 = 3\,350 \text{ mm}$$

$$M_{1u} = m_{1u}\left(l_{02} - \frac{l_{01}}{2}\right) + \frac{m_{1u}}{2}\frac{l_{01}}{2}$$

$$= m_{1u}(3.350 - 0.5 \times 2.15) + \frac{2.150}{4}m_{1u}$$

$$= 2.81m_{1u}$$

$$M_{2u} = m_{2u}\frac{l_{01}}{2} + \frac{m_{2u}}{2}\frac{l_{01}}{2}$$

$$= \frac{2.150}{2}m_{2u} + \frac{2.150}{4}m_{2u}$$

$$= 1.60m_{2u} = 0.48m_{1u}$$

$$M'_{1u} = M''_{1u} = -2m_{1u}l_{02} = -2 \times 3.350m_{1u}$$

$$= -6.70m_{1u}$$

$$M'_{2u} = M''_{2u} = -2m_{2u}l_{01} = -2 \times 2.150m_{2u} = -4.3m_{2u}$$

$$= -1.29m_{1u}$$

将以上数据代入式(10-1),有

$$2M_{1u} + 2M_{2u} + M'_{1u} + M''_{1u} + M'_{2u} + M''_{2u} = \frac{1}{12}p_u l_{01}^2(3l_{02} - l_{01})$$

得

$$2 \times 2.81m_{1u} + 2 \times 0.48m_{1u} + 6.70m_{1u} + 6.70m_{1u} + 1.29m_{1u} + 1.29m_{1u}$$

$$= \frac{1}{12} \times 7.64 \times 2.150^2 (3 \times 3.350 - 2.150)$$

$$22.56 m_{1u} = 23.24$$

$$m_{1u} = 1.03 \text{ kN/m}$$

$$m_{2u} = 0.3 \times 1.03 = 0.31 \text{ kN/m}$$

$$m'_{1u} = m''_{1u} = -2 \times 1.03 = -2.06 \text{ kN/m}$$

$$m'_{2u} = m''_{2u} = -2 \times 0.31 = -0.62 \text{ kN/m}$$

B 区格板:

$$l_{01} = l_c - b$$

$$= 3600 - 250 = 3350 \text{ mm}$$

$$l_0 = l_c - 250 + 50 - b/2$$

$$= 6600 - 250 + 50 - 250/2$$

$$= 6275 \text{ mm}$$

B 区格板的 m''_{2u} 与 A 区格板的 m'_{1u} 相同,所以有

$$m''_{2u} = m'_{2u} - 2.06 \text{ kN/m}$$

$$M_{1u} = m_{1u} \left(l_{02} - \frac{l_{01}}{2} \right) + \frac{m_{1u}}{2} \frac{l_{01}}{2}$$

$$= \left(6.275 - \frac{3.350}{2} \right) m_{1u} + \frac{3.350}{4} m_{1u}$$

$$= 5.44 m_{1u}$$

$$M_{2u} = \frac{7}{8} \alpha m_{1u} l_{01} = \frac{7}{8} \times 0.30 \times 3.350 m_{1u}$$

$$= 0.88 m_{1u}$$

$$M'_{1u} = M''_{1u} = -2 m_{1u} l_{02} = -2 \times 6.275 m_{1u}$$

$$= 12.55 m_{1u}$$

$$M''_{2u} = m''_{2u} l_{01} = -2.06 \times 3.350$$

$$= -6.90 \text{ kN} \cdot \text{m}$$

$$M'_{2u} = 0$$

将以上数据代入式(10-1),得

$$2M_{1u} + 2M_{2u} + M'_{1u} + M''_{1u} + M'_{2u} + M''_{2u} = \frac{1}{12} p_u l_{01}^2 (3 l_{02} - l_{01})$$

可得

$$2 \times 5.44 m_{1u} + 2 \times 0.88 m_{1u} + 12.55 m_{1u} + 12.55 m_{1u} + 6.90 \times 2$$

$$= \frac{1}{12} \times 6.94 \times 3.350^2 (3 \times 6.275 - 3.350)$$

$$37.44 m_{1u} = 86.64$$

$$m_{1u} = 2.31 \text{ kN/m}$$

$$m_{2u} = 0.3 \times 2.31 = 0.69 \text{ kN/m}$$

$$m'_{1u} = m''_{1u} = -2 \times 2.31 = -4.62 \text{ kN/m}$$

$$m''_{2u} = m'_{2u} = -2.06 \text{ kN/m}$$

对于其他区格板,亦按同理进行计算,详细过程从略,所得计算结果列于表 10-1 和表 10-2。

表 10-1　按塑性铰线法计算弯矩表(2~6 楼面)　　　　　　　　　　　(kN·m)

	A	B	C	D
l_{01}/m	2.150	3.350	2.150	3.275
l_{02}/m	3.350	6.275	3.275	6.275
M_{1u}	$2.81m_{1u}$	$5.44m_{1u}$	$2.74m_{1u}$	$5.86m_{1u}$
M_{2u}	$0.48m_{1u}$	$0.88m_{1u}$	$0.56m_{1u}$	$0.86m_{1u}$
M'_{1u}	$-6.70m_{1u}$	$-12.55m_{1u}$	$-6.55m_{1u}$	-30.62
M''_{1u}	$-6.70m_{1u}$	$-12.55m_{1u}$	$-6.55m_{1u}$	-30.60
M'_{2u}	$-1.29m_{1u}$	-6.90	-1.33	-6.22
M''_{2u}	$-1.29m_{1u}$	-6.90	-1.33	-6.22
m_{1u}	1.03	2.31	1.15	4.28
m_{2u}	0.31	0.69	0.35	1.28
m'_{1u}	-2.06	-4.62	-2.30	-4.62
m''_{1u}	-2.06	-4.62	-2.30	-4.62
m'_{2u}	-0.62	-2.06	-0.62	-2.31
m''_{2u}	-0.62	-2.06	-0.62	-2.31

表 10-2　按塑性铰线法计算弯矩表(7 层屋面)　　　　　　　　　　　(kN·m)

	A	B	C	D
l_{01}/m	2.150	3.350	2.150	3.275
l_{02}/m	3.350	6.275	3.275	6.275
M_{1u}	$2.81m_{1u}$	$5.44m_{1u}$	$2.74m_{1u}$	$5.86m_{1u}$
M_{2u}	$0.48m_{1u}$	$0.88m_{1u}$	$0.56m_{1u}$	$0.86m_{1u}$
M'_{1u}	$-6.70m_{1u}$	$-12.55m_{1u}$	$-6.55m_{1u}$	-30.62
M''_{1u}	$-6.70m_{1u}$	$-12.55m_{1u}$	$-6.55m_{1u}$	-30.62
M'_{2u}	$-1.29m_{1u}$	-6.10	$-1.16m_{1u}$	-6.22
M''_{2u}	$-1.29m_{1u}$	-6.10	$-1.16m_{1u}$	-6.22
m_{1u}	1.37	3.69	1.44	6.37
m_{2u}	0.41	1.11	0.43	1.91
m'_{1u}	-2.74	-7.38	-2.88	-7.38
m''_{1u}	-2.74	-7.38	-2.88	-7.38
m'_{2u}	-0.82	-2.74	-0.82	-2.88
m''_{2u}	-0.82	-2.74	-0.82	-2.88

10.4　截面设计

受拉钢筋的截面积按下式计算：

$$A_s = m/(r_s h_0 f_y)$$

其中 r_s 取 0.9。

对于四边都与梁整结的板,中间跨的跨中截面及中间支座处截面,其弯矩设计值减小 20%。

钢筋的配置:符合内力计算的假定,全板均匀布置。

以第 1 层 A 区格 l_1 方向为例,截面有效高度

$$h_{01} = h - 20 = 100 - 20 = 80 \text{ m}$$

$$A_s = m/(r_s h_0 f_y) = 1.03 \times 10^6/(0.9 \times 210 \times 80) = 60.19 \text{ mm}^2$$

对于 2~6 层楼面,各区格板的截面计算与配筋见表 10-3。

表 10-3　按塑性铰线法计算的截面与配筋

项　目			h_0/mm	$m/(\text{kN} \cdot \text{m})$	A_s/mm^2	配筋	实际配置 A_s/mm^2
跨中	A 区格	l_1 方向	80	1.03×0.8	54.50	$\phi 8@200$	252
		l_2 方向	70	0.31×0.8	16.40	$\phi 8@200$	252
	B 区格	l_1 方向	80	2.50	16.34	$\phi 8@200$	252
		l_2 方向	70	0.83	54.89	$\phi 8@200$	252
	C 区格	l_1 方向	80	1.15	76.06	$\phi 8@200$	252
		l_2 方向	70	0.35	23.15	$\phi 8@200$	252
	D 区格	l_1 方向	80	4.28	283.07	$\phi 8@150$	335.33
		l_2 方向	70	1.28	95.99	$\phi 8@200$	252
支座	A - A		80	-0.54×0.8	32.80	$\phi 8@200$	252
	A - B		80	-2.06	136.24	$\phi 8@200$	252
	A - C		80	-0.62	41.01	$\phi 8@200$	252
	B - B		80	-5.00	330.69	$\phi 8@150$	335.33
	B - D		80	-5.00	330.69	$\phi 8@150$	335.33
	C - D		80	-2.30	152.12	$\phi 8@200$	252

同理,对于第 7 层屋面,各区格板的截面计算与配筋见表 10-4。

表 10-4　按塑性铰线法计算的截面与配筋

项目			h_0/mm	$m/(kN \cdot m)$	A_s/mm^2	配筋	实际配置 A_s/mm^2
跨中	A 区格	l_1 方向	80	1.37×0.8	73.49	$\phi 8@200$	252
		l_2 方向	70	0.41×0.8	24.79	$\phi 8@200$	252
	B 区格	l_1 方向	80	3.69	244.05	$\phi 8@200$	252
		l_2 方向	70	1.11	83.90	$\phi 8@200$	252
	C 区格	l_1 方向	80	1.44	95.24	$\phi 8@200$	252
		l_2 方向	70	0.43	32.50	$\phi 8@200$	252
	D 区格	l_1 方向	80	6.37	421.30	$\phi 8@100$	503.00
		l_2 方向	70	1.91	144.37	$\phi 8@200$	252
支座	A – A		80	-0.82×0.8	43.39	$\phi 8@200$	252
	A – B		80	-2.74	181.22	$\phi 8@200$	252
	A – C		80	-0.82	54.23	$\phi 8@200$	252
	B – B		80	-7.38	488.10	$\phi 8@100$	503.00
	B – D		80	-7.38	488.10	$\phi 8@100$	503.00
	C – D		80	-2.88	190.48	$\phi 8@200$	252

第 11 章 楼梯设计

11.1 设计资料

本框架结构每层设有 3 个相同楼梯,楼梯的开间为 4.2 m,进深为 6.6 m,层高为 3.6 m,设计为等跑楼梯,每级均为 12 级踏步,11 个踏面,踏步的尺寸为 150 mm × 300 mm。

砼:C30($f_c = 14.3$ N/mm²,$f_t = 1.43$ N/mm²)。

钢筋:板采用 HPB235($f_y = 210$ N/mm²),梁采用 HRB400($f_y = 360$ N/mm²)。

楼梯结构平面布置图如图 11-1 所示。

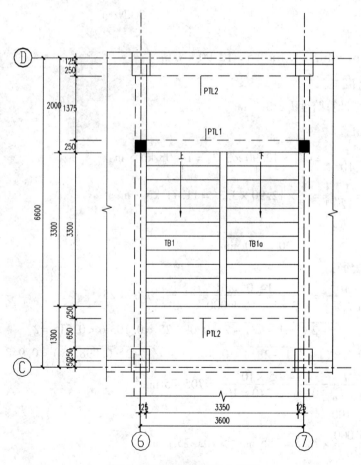

图 11-1 楼梯结构平面布置图

11.2　梯段板设计

取板厚 120 mm，板倾斜角 $\tan\alpha = 150/300 = 0.5$，$\cos\alpha = 0.894$，取 1 m 宽板带计算。
考虑到楼梯可能作为消防楼梯，活荷载的值取为 3.5 kN/m。

11.2.1　荷载计算

恒载：	陶瓷地砖面层	$0.7 \times (0.3 + 0.15)/0.3 = 1.05$ kN/m
	三角形踏步	$0.5 \times 0.3 \times 0.15 \times 25/0.3 = 1.88$ kN/m
	混凝土斜板	$0.12 \times 25/0.894 = 3.36$ kN/m
	板底抹灰	$0.02 \times 17/0.894 = 0.38$ kN/m

| | 小计 | 6.67 kN/m |
| 活载： | | 3.5 kN/m |

总荷载设计值：

$$p = 6.67 \times 1.2 + 1.4 \times 3.5 = 12.90 \text{ kN/m}$$

11.2.2　截面设计

楼梯板水平计算跨度 $l_n = 3.3$ m。

弯矩设计值：

$$M_{max}^{+} = \frac{1}{10}pl_n^2 = 0.1 \times 12.90 \times 3.3^2 = 14.05 \text{ kN·m}$$

$$M_{max}^{-} = \frac{1}{12}pl_n^2 = \frac{1}{12} \times 12.90 \times 3.3^2 = 11.71 \text{ kN·m}$$

板的有效高度：

$$h_0 = h - a = 120 - 20 = 100 \text{ mm}$$

(1) 板底配筋：

$$\alpha_s = \frac{M}{\alpha_1 f_c b h_0^2} = \frac{14.05 \times 10^6}{1.0 \times 14.3 \times 1\,000 \times 100^2} = 0.098\,25$$

$$\zeta = 1 - \sqrt{1 - 2\alpha_s} = 1 - \sqrt{1 - 2 \times 0.098\,25} = 0.103\,6 < 0.518 = \zeta_b$$

$$\gamma_s = 0.5 \times (1 + \sqrt{1 - 2\alpha_s}) = 0.5 \times (1 + \sqrt{1 - 2 \times 0.098\,25}) = 0.948$$

$$A_s = \frac{M}{\gamma_s f_y h_0} = \frac{14.05 \times 10^6}{0.948 \times 210 \times 100} = 705.75 \text{ mm}^2$$

选配 $\phi 10@100$，

$$A_s = \frac{1\,000}{100} \times 78.5 = 785 \text{ mm}^2 > 705.75 \text{ mm}^2$$

满足设计要求。

(2) 板顶配筋：

$$\alpha_s = \frac{M}{\alpha_1 f_c b h_0^2} = \frac{11.71 \times 10^6}{1.0 \times 14.3 \times 1\,000 \times 100^2} = 0.119\,6$$

$$\zeta = 1 - \sqrt{1 - 2\alpha_s} = 1 - \sqrt{1 - 2 \times 0.119\,6} = 0.128\,0 < 0.518 = \zeta_b$$

$$\gamma_s = 0.5 \times (1 + \sqrt{1 - 2\alpha_s}) = 0.5 \times (1 + \sqrt{1 - 2 \times 0.119\ 6}) = 0.936$$

$$A_s = \frac{M}{\gamma_s f_y h_0} = \frac{11.71 \times 10^6}{0.936 \times 210 \times 100} = 595.75\ \text{mm}^2$$

选配 $\phi10@110$，

$$A_s = \frac{1\ 000}{100} \times 78.5 = 714\ \text{mm}^2 > 593.75\ \text{mm}^2$$

满足设计要求。

根据《混凝土结构设计规范》(GB 50010—2011)，沿梯段板横向需配置构造钢筋：$\phi8$，每级踏步一根。

11.3 平台板设计

初取平台板厚 80 mm，取 1 m 宽板带计算。

11.3.1 荷载计算

恒载：
陶瓷地砖地面　　　　　　0.7 kN/m
80 mm 厚混凝土板　　　　$0.08 \times 25 = 2.0$ kN/m
板底抹灰　　　　　　　　$0.02 \times 17 = 0.34$ kN/m

小计　　　　　　　　　　3.04 kN/m

活载：　3.5 kN/m
总荷载设计值：　$p = 1.2 \times 3.04 + 1.4 \times 3.5 = 8.55$ kN/m

11.3.2 截面设计

1. 平台板 1 的设计
平台板计算跨度：

$$l_0 = 2.00 - \frac{1}{2} \times 0.25 = 1.875\ \text{m}$$

弯矩设计值：

$$M_{max}^+ = \frac{1}{10} p l_n^2 = 0.1 \times 8.55 \times 1.875^2 = 3.01\ \text{kN} \cdot \text{m}$$

板的有效高度：

$$h_0 = h - a = 80 - 20 = 60\ \text{mm}$$

板底配筋：

$$\alpha_s = \frac{M}{\alpha_1 f_c b h_0^2} = \frac{3.01 \times 10^6}{1.0 \times 14.3 \times 1\ 000 \times 60^2} = 0.058\ 46$$

$$\zeta = 1 - \sqrt{1 - 2\alpha_s} = 1 - \sqrt{1 - 2 \times 0.058\ 46} = 0.060\ 27 < 0.518 = \zeta_b$$

$$\gamma_s = 0.5 \times (1 + \sqrt{1 - 2\alpha_s}) = 0.5 \times (1 + \sqrt{1 - 2 \times 0.058\ 46}) = 0.969\ 9$$

选配 $\phi6/\phi8@140$，

$$A_s = \frac{1\ 000}{2 \times 140} \times (33.2 + 50.3) = 298.2\ \text{mm}^2 > 246.30\ \text{mm}^2$$

满足设计要求。

2. 平台板2的设计

平台板计算跨度：

$$l_0 = 1.30 - \frac{1}{2} \times 0.25 = 1.175 \text{ m}$$

弯矩设计：

$$M_{max}^+ = \frac{1}{10}pl_n^2 = 0.1 \times 8.55 \times 1.175^2 = 1.18 \text{ kN} \cdot \text{m}$$

板的有效高度：

$$h_0 = h - a = 80 - 20 = 60 \text{ mm}$$

板底配筋：

$$\alpha_s = \frac{M}{\alpha_1 f_c b h_0^2} = \frac{1.18 \times 10^6}{1.0 \times 14.3 \times 1\,000 \times 60^2} = 0.022\,92$$

$$\zeta = 1 - \sqrt{1 - 2\alpha_s} = 1 - \sqrt{1 - 2 \times 0.022\,92} = 0.023\,19 < 0.518 = \zeta_b$$

$$\gamma_s = 0.5 \times (1 + \sqrt{1 - 2\alpha_s}) = 0.5 \times (1 + \sqrt{1 - 2 \times 0.022\,92}) = 0.988$$

$$A_s = \frac{M}{\gamma_s f_y h_0} = \frac{1.18 \times 10^6}{0.988 \times 210 \times 60} = 94.78 \text{ mm}^2$$

选配 $\phi6@150$，

$$A_s = \frac{1\,000}{150} \times 33.2 = 188.67 \text{ mm}^2 > 94.78 \text{ mm}^2$$

满足设计要求。

11.4 平台梁设计

初设平台梁尺寸为

$$h \times b = 350 \text{ mm} \times 250 \text{ mm}$$

11.4.1 荷载计算

恒载：   梁自重 $0.25 \times (0.35 - 0.08) \times 25 = 1.69 \text{ kN/m}$

            梁侧粉刷 $0.02 \times (0.35 - 0.08) \times 2 \times 17 = 0.184 \text{ kN/m}$

            平台板传力 $3.04 \times 2.00 \times 0.5 = 3.04 \text{ kN/m}$

            楼梯板传力 $6.67 \times 3.3 \times 0.5 = 11.01 \text{ kN/m}$

            小计   15.92 kN/m

活载（由板上传来）： $q = 3.5 \times \left(\frac{3.3}{2} + \frac{2.00}{2}\right) = 7.53 \text{ kN/m}$

总荷载设计值： $p = 1.2 \times 15.92 + 1.4 \times 7.53 = 29.65 \text{ kN/m}$

11.4.2 截面设计

平台梁计算跨度：

$$l_0 = 1.05 l_n = 1.05 \times (3.6 - 0.2) = 3.57 \text{ m}$$

内力设计值：

$$M_{\max}^+ = \frac{1}{8}pl_0^2 = -\frac{1}{8} \times 29.65 \times 3.57^2 = 47.24 \text{ kN} \cdot \text{m}$$

$$V_{\max} = \frac{1}{2}pl_n = 0.5 \times 29.65 \times (3.60 - 0.20) = 50.41 \text{ kN}$$

截面按倒 L 形受弯计算，根据《混凝土结构计算图表》：

$$b_f' = b + 5h_f' = 250 + 5 \times 80 = 650 \text{ mm}$$

平台梁截面示意图如图 11-2 所示。

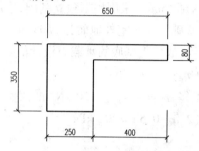

图 11-2 平台梁截面示意图

$$h_0 = h - a = 350 - 35 = 315 \text{ mm}$$

$$M = f_c b_f' h_f \left(h_0 - \frac{h_f}{2} \right) = 14.3 \times 80 \times 650 \times (315 - 80 \times 0.5)$$

$$= 204.49 \text{ kN} \cdot \text{m} > 47.24 \text{ kN} \cdot \text{m}$$

属于第一类 L 形截面。

$$\alpha_s = \frac{M}{\alpha_1 f_c bh_0^2} = \frac{47.24 \times 10^6}{1.0 \times 14.3 \times 650 \times 315^2} = 0.051\ 2$$

$$\zeta = 1 - \sqrt{1 - 2\alpha_s} = 1 - \sqrt{1 - 2 \times 0.051\ 2} = 0.051\ 2 < 0.518 = \zeta_b$$

$$\gamma_s = 0.5 \times (1 + \sqrt{1 - 2\alpha_s}) = 0.5 \times (1 + \sqrt{1 - 2 \times 0.052\ 6}) = 0.973$$

$$A_s = \frac{M}{\gamma_s f_y h_0} = \frac{47.24 \times 10^6}{0.973 \times 360 \times 315} = 428.14 \text{ mm}^2$$

选配 3ϕ16，

$$A_s = 603 \text{ mm}^2 > 428.14 \text{ mm}^2$$

满足设计要求。

初配箍筋 ϕ6@200，

$$V_{cs} = 0.7f_t bh_0 + 1.25f_{yv}\frac{A_{sv}}{s}h_0 = 0.7 \times 1.43 \times 250 \times 315 + 1.25 \times 210 \times \frac{56.6}{200} \times 315$$

$$= 102.2 \text{ kN} > 50.41 \text{ kN}$$

满足设计要求。

11.5 平台梁构造

考虑平台梁受扭，按一般梁设计配筋完成后，依照梁顶、梁底钢筋的大值，采用对称配筋。梯柱处箍筋全长加密，以保证计算时未考虑的扭矩。

第 12 章　基础设计

12.1　设计资料

底层柱的截面为 400 mm×600 mm，采用柱下独立基础，采用 C20 的混凝土，HRB33 的钢筋。取基础埋深 $d = 2.0$ m，基础顶面距室外地面为 1.05 m，基础高度为 0.95 m。基础位于黏土夹碎石层中，$f_{ak} = 270$ kPa，故可得基底的承载力设计值

$$f_a = f_{ak} + \eta_b \gamma (b - 3) + \eta_d \gamma_m (d - 0.5)$$

取 $b = 3.0$ m，$d = 2.0$ m，查表可得，$\eta_d = 4.4$，$\gamma_m = 20$ kN/m^2，则

$$f_a = 270 + 4.4 \times 20 \times (2.0 - 0.5) = 402 \text{ kPa}$$

12.2　基础的计算

12.2.1　D 柱的计算

1. 确定基础底面的尺寸

确定基础的底面积时应该按照荷载的标准值进行计算，荷载效应的组合值 $S = S_{Gk} + S_{Q1k} + \sum_{i=2}^{n} \varphi_{ci} S_{Qik}$，故 $S = S_{Gk} + S_{Q1k} + \psi_{c2} S_{Q2k}$。由于基础的埋深按照室内外标高的平均值来考虑，故 $d' = (2.00 + 2.45)/2 = 2.225$ m。

B 基础纵向的墙体传给基础的荷载标准值为：（基础梁采用 250 mm×400 mm）

$$G_{qk} = (3.6 - 0.4) \times (5.00 - 0.4 - 0.5) \times 2.215 + 1.05 \times 0.25 \times 0.40 \times (3.6 - 0.4) \times 25$$
$$= 37.46 \text{ kN}$$

其中外墙面单位面积的重力荷载为 $0.5 + 5.5 \times 0.25 + 17 \times 0.02 = 2.215$。

$$F_k = 891.53 + 187.16 + 37.46 - 0.60 \times 51.62 = 1\,085.18 \text{ kN}$$

$$M_k = 11.35 + 3.63 - 0.6 \times 44.91 = -11.97 \text{ kN} \cdot \text{m}$$

$$A \geqslant \frac{F_k}{f_a - \gamma_m d'} = \frac{1085.18}{402 - 20 \times 2.225} = 3.06 \text{ m}^2$$

将其增大 20%～40%，初步选用底面尺寸为 $b = 2.7$ m，$l = 1.8$ m。

$$w = \frac{b^2 l}{6} = \frac{2.7^2 \times 1.8}{6} = 2.19 \text{ m}^2$$

$$G = \gamma_m b l d' = 20 \times 1.8 \times 2.7 \times 2.225 = 216.27 \text{ kN}$$

基础边缘的最大和最小压力按下式计算：

$$P_{k,\max} = \frac{F_k + G_k}{bl} + \frac{M_k}{w} = \frac{1\,085.18 + 216.27}{2.7 \times 1.8} + \frac{11.97}{2.19} = 273.25 \text{ kN/m}^2$$

$$< 1.2 \times f_a = 1.2 \times 402 = 482.4 \text{ kN/m}^2$$

$$P_{k,\min} = \frac{F_k + G_k}{bl} - \frac{M_k}{w} = \frac{1\,085.18 + 216.27}{2.7 \times 1.8} - \frac{11.97}{2.19} = 262.32 \text{ kN/m}^2$$

$$< 1.2 \times f_a = 482.4 \text{ kN/m}^2$$

$$\frac{P_{k.\max} + P_{k,\min}}{2} = \frac{273.25 + 262.32}{2} = 267.79 \text{ kN/m}^2 < f_a = 402 \text{ kPa}$$

故基础的底面积满足要求。

D 柱下独立基础示意图如图 12-1 所示。

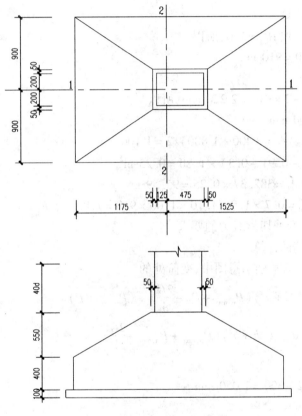

图 12-1　D 柱下独立基础示意图

D 柱的不利荷载及其组合有三种：

(1) $|M_{\max}|$ 及相应的 N；

(2) $N_{\min}$ 及相应的 M；

(3) $N_{\max}$ 及相应的 M。

其中第三组在柱子配筋时不起控制作用，只需要计算前面两组即可。同时还要考虑纵向墙体传来的荷载。

1）$|M_{\max}|$ 及相应的 N

Ⅰ. 验算基础高度

　　$|M_{\max}| = 136.85$ kN

　　$N = 1\,345.98 + 1.2 \times 37.46 = 1\,390.93$ kN

取基础的高度为 0.95 m。

地基净反力的计算

$$P_n = \frac{F}{bl} \pm \frac{M_c + Vh_c}{W}$$

$$P_{n,max} = \frac{1390.93}{1.8 \times 2.7} + \frac{136.85 + 77.64 \times 0.95}{2.19} = 382.37 \ \text{kN/m}^2 < 1.2f_a = 482.4 \ \text{kN/m}^2$$

$$P_{n,min} = \frac{1390.93}{1.8 \times 2.7} - \frac{136.85 + 77.64 \times 0.95}{2.19} = 190.03 \ \text{kN/m}^2 < 1.2f_a = 482.4 \ \text{kN/m}^2$$

满足设计要求。

Ⅱ. 冲切承载力验算

因为 $h = 950$ mm, 取 $\beta_{hp} = 1.0$, 所以

$h_0 = 950 - 40 = 910$ mm

$a_t = 400$ mm

又因为 $a + 2h_0 = 400 + 2 \times 910 = 2\ 220$ mm, 所以

$a_b = l = 1\ 800$ mm

$a_m = (a_t + a_b)/2 = (400 + 1\ 800)/2 = 1\ 100$ mm

$A_1 = (2.7/2 - 0.91 - 0.3) \times 1.80 = 0.25 \ \text{m}^2$

$F_1 = P_{n,max} \times A_1 = 382.37 \times 0.25 = 95.59$ kN

$0.7\beta_{hp}f_t a_m h_0 = 0.7 \times 1.0 \times 1.10 \times 1100 \times 910 = 770.77 > F_1$

故该基础的高度满足受冲切承载力的要求。

Ⅲ. 基础底板钢筋的计算

如图 12-1 中所示的基础示意图中, 变阶处的

$$M_1 = \frac{1}{12}a_1^2 \left[(2l + a')(P_{n,max} + P_1 - \frac{2G}{A}) + (P_{n,max} - P) \right]$$

$$M_2 = \frac{1}{48}(l - a')^2(2b + b')(P_{n,max} + P_{n,min} - \frac{2G}{A})$$

1—1 截面处:

$a_1 = 2\ 700/2 - 300 = 1\ 050$ mm

$a' = 0.40$ mm

$$P_1 = P_{n,min} + \frac{2.7 - 1.05}{2.7} \times (P_{n,max} - P_{n,min}) = 307.57 \ \text{kPa}$$

故 $$M_1 = \frac{1}{12}a_1^2 \left[(2l + a')(P_{n,max} + P_1 - \frac{2G}{A}) + (P_{n,max} - P)l \right]$$

$$= \frac{1}{12} \times 1.05^2 \times \left[(2 \times 1.8 + 0.40) \times (382.37 + 307.57 - 2 \times 216.27 \times 1.35/1.8/2.7) + (382.37 - 304.81) \times 1.8 \right] = 349.01 \ \text{kN·m}$$

$$A_{s1} = \frac{M_1}{0.9f_y h_{01}} = \frac{349.01 \times 10^6}{0.9 \times 300 \times 910} = 1\ 420.47 \ \text{mm}^2$$

2—2 截面处:

按照轴心受压考虑

$$p = \frac{1\ 390.93}{1.8} = 772.74 \ \text{kN/m}$$

柱边处

$$M = 0.5 \times 772.74 \times (0.90 - 0.20)^2 = 189.32 \ \text{kN} \cdot \text{m}$$

$$A_{s1} = \frac{M_1}{0.9 f_y h_{01}} = \frac{189.32 \times 10^6}{0.9 \times 300 \times 910} = 770.53 \ \text{mm}^2$$

2）$N_{\max}$ 及相应的 M

Ⅰ. 验算基础高度

$$N_{\max} = 18.95 \ \text{kN}$$

$$M = 1\,390.73 + 1.2 \times 37.46 = 1\,435.68 \ \text{kN}$$

取基础的高度为 0.95 m。

地基净反力的计算

$$P_n = \frac{F}{bl} \pm \frac{M_c + V h_c}{W}$$

$$P_{n,\max} = \frac{1\,435.68}{1.8 \times 2.7} + \frac{18.95 + 77.64 \times 0.95}{2.19} = 337.74 \ \text{kN/m}^2 < 1.2 f_a = 482.4 \ \text{kN/m}^2$$

$$P_{n,\min} = \frac{1\,435.68}{1.8 \times 2.7} - \frac{18.95 + 77.64 \times 0.95}{2.19} = 253.07 \ \text{kN/m}^2 < 1.2 f_a = 482.4 \ \text{kN/m}^2$$

满足设计要求。

Ⅱ. 冲切承载力验算

因为 $h = 950 \ \text{mm}$，取 $\beta_{hp} = 1.0$，所以

$$h_0 = 950 - 40 = 910 \ \text{mm}$$

$$a_t = 400 \ \text{mm}$$

又因为 $a + 2h_0 = 400 + 2 \times 910 = 2\,220 \ \text{mm}$，所以

$$a_b = l = 1\,800 \ \text{mm}$$

$$a_m = (a_t + a_b)/2 = (400 + 1\,800)/2 = 1\,100 \ \text{mm}$$

$$A_1 = (2.7/2 - 0.91 - 0.3) \times 1.80 = 0.25 \ \text{m}^2$$

$$F_1 = P_{n,\max} \times A_1 = 382.37 \times 0.25 = 95.59 \ \text{kN}$$

$$0.7 \beta_{hp} f_t a_m h_0 = 0.7 \times 1.0 \times 1.10 \times 1\,100 \times 910 = 770.77 > F_1$$

故该基础的高度满足受冲切承载力的要求。

Ⅲ. 基础底板钢筋的计算

如图 12-1 中所示的基础示意图中，变阶处的

$$M_1 = \frac{1}{12} a_1^2 \left[(2l + a')\left(P_{n,\max} + P_1 - \frac{2G}{A}\right) + (P_{n,\max} - P) \right]$$

$$M_2 = \frac{1}{48} (l - a')^2 (2b + b')\left(P_{n,\max} + P_{n,\min} - \frac{2G}{A}\right)$$

1—1 截面处：

$$a_1 = 2\,700/2 - 300 = 1\,050 \ \text{mm}$$

$$a' = 0.40 \ \text{mm}$$

$$P_1 = P_{n,\min} + \frac{2.7 - 1.05}{2.7} \times (P_{n,\max} - P_{n,\min}) = 304.81 \ \text{kPa}$$

故　　　$$M_1 = \frac{1}{12} a_1^2 \left[(2l + a')\left(P_{n,\max} + P_1 - \frac{2G}{A}\right) + (P_{n,\max} - P)l \right]$$

$$= \frac{1}{12} \times 1.05^2 \times \left[(2 \times 1.8 + 0.40) \times (337.24 + 304.81 - 2 \times .216.27 \times 1.35/1.8/2.7) \right.$$

$$\left. + (337.24 - 304.81) \times 1.8 \right] = 197.20 \text{ kN} \cdot \text{m}$$

$$A_{s1} = \frac{M_1}{0.9 f_y h_{01}} = \frac{197.20 \times 10^6}{0.9 \times 300 \times 910} = 802.60 \text{ mm}^2$$

2—2 截面处:

按照轴心受压考虑

$$p = \frac{1435.68}{1.8} = 797.60 \text{ kN/m}$$

柱边处

$$M = 0.5 \times 797.60 \times (0.90 - 0.20)^2 = 195.41 \text{ kN} \cdot \text{m}$$

$$A_{s1} = \frac{M_1}{0.9 f_y h_{01}} = \frac{195.41 \times 1000}{0.9 \times 300 \times 910} = 795.32 \text{ mm}^2$$

故基础长边方向按照 $|M_{\max}|$ 及相应的 N 的组合情况进行配筋,实配钢筋 $\phi 12@120$, $A_{s1} = 1696.5 \text{ mm}^2$;而基础短边方向按照 $N_{\max}$ 及相应的 M 的组合情况进行配筋,实配钢筋 $\phi 10 @200$, $A_{s1} = 1059.75 \text{ mm}^2$。

12.2.2 C 柱的计算

1. 确定基础底面的尺寸

C 柱联合基础示意图如图 12-2 所示。

确定基础的底面积时应该按照荷载的标准值进行计算,荷载效应的组合值为 $S = S_{Gk} + S_{Q1k} + \sum_{i=2}^{n} \varphi_{c_i} S_{Qik}$,故 $S = S_{Gk} + S_{Q1k} + \psi_{c2} S_{Q2k}$。由于基础的埋深按照室内外标高的平均值来考虑,故 $d' = (2.00 + 2.45)/2 = 2.225 \text{ m}$。

B 基础纵向的墙体传给基础的荷载标准值为:(基础梁采用 250 mm × 400 mm)

$$G_{qk} = (3.6 - 0.4) \times (5.00 - 0.4 - 0.5) \times 1.78 + 1.05 \times 0.25 \times 0.40 \times (3.6 - 0.4)$$
$$\times 25 = 31.75 \text{ kN}$$

其中,外墙面单位面积的重力荷载为 $5.5 \times 0.20 + 17 \times 0.02 \times 2 = 1.78 \text{ kN/m}^2$。

$$F_k = 1050.34 + 274.69 + 31.75 - 0.6 \times 82.72 = 1307.15 \text{ kN}$$

$$M_k = -21.55 - 6.35 - 0.6 \times 23.46 = -41.98 \text{ kN} \cdot \text{m}$$

$$A \geqslant \frac{F_k}{f_a - \gamma_m d'} = \frac{1307.15}{402 - 20 \times 2.225} = 3.67 \text{ m}^2$$

将 A 增大 20% ~ 40%,初步选用底面尺寸为 $b = 3.0 \text{ m}$, $l = 2.0 \text{ m}$。由于中间两个基础中心线的间距为 2.4 m < 3.0 m,故两基础有部分重叠,将其设计为联合基础,按照联合基础来确定基础的面积。

$$F'_k = 2F_k = 2 \times 1307.15 = 2614.3 \text{ kN}$$

$$M_k = 0 - 2 \times 0.6 \times 23.46 = -28.15 \text{ kN} \cdot \text{m}$$

$$A \geqslant \frac{F_k}{f_a - \gamma_m d'} = \frac{2614.3}{402 - 20 \times 2.225} = 7.32 \text{ m}^2$$

将 A 增大 20% ~ 40%,初步选用底面尺寸为 $b = 5.4 \text{ m}$, $l = 2.0 \text{ m}$,则

$$w = \frac{b^2 l}{6} = \frac{5.4^2 \times 2.0}{6} = 9.72 \ \text{m}^2$$

$$G = \gamma_m bld' = 20 \times 2.0 \times 5.4 \times 2.225 = 480.60 \ \text{kN}$$

基础边缘的最大和最小压力按下式计算：

$$P_{k,\max} = \frac{F_k + G_k}{bl} + \frac{M_k}{w} = \frac{2\ 614.3 + 480.60}{5.4 \times 2.0} + \frac{28.15}{9.72} = 289.46 \ \text{kN/m}^2$$

$$< 1.2 \times f_a = 1.2 \times 402 = 482.4 \ \text{kN/m}^2$$

$$P_{k,\min} = \frac{F_k + G_k}{bl} - \frac{M_k}{w} = \frac{2\ 614.3 + 480.60}{5.4 \times 2.0} - \frac{28.15}{9.72} = 283.67 \ \text{kN/m}^2$$

$$< 1.2 \times f_a = 402 \ \text{kN/m}^2$$

$$\frac{P_{k,\max} + P_{k,\min}}{2} = \frac{289.46 + 283.67}{2} = 286.57 \ \text{kN/m}^2 < f_a = 402 \ \text{kPa}$$

故基础的底面积满足要求。

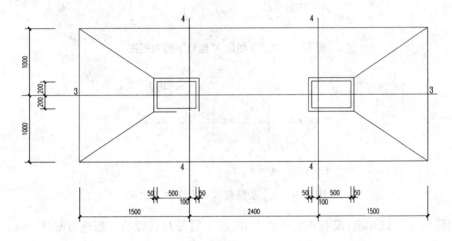

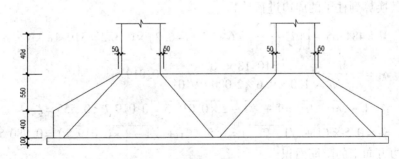

图 12-2　C 柱联合基础示意图

C 柱的不利荷载及其组合有三种：

（1）$|M_{\max}|$ 及相应的 N；

（2）$N_{\max}$ 及相应的 M；

（3）$N_{\min}$ 及相应的 M。

其中第三组在柱子配筋时不起控制作用,只需要计算前面两组即可,同时还要考虑纵向　　　　**159**◀

墙体传来的荷载。

1）$|M_{max}|$ 及相应的 N

$$M_{max} = -128.50 \text{ kN} \cdot \text{m}$$

$$N = 1\,163.17 \text{ kN}$$

在基础的长边方向上，按照倒梁法计算，轴力产生的均布荷载

$$bp_p = \frac{1163.17 \times 2}{5.4} = 430.80 \text{ kN/m}$$

相当于地基反力作用在基础上，再将弯矩叠加得到基础的弯矩图，然后结合弯矩图可计算得出剪力图。基础的弯矩图和剪力图如图 12-3 和图 12-4 所示。

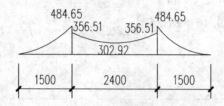

图 12-3　N_{max} 及相应 M 组合下的弯矩图

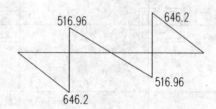

图 12-4　N_{max} 及相应 M 组合下的剪力图

由图 12-3 可以知道，没有正的弯矩存在，故不需要对基础的下部进行配筋。

$$M_{max} = 484.65 \text{ kN} \cdot \text{m}$$

将其换算到柱子的周边进行计算。

$$M = 484.65 - \left[\left(1 - \frac{0.3}{1.5}\right) \times 646.2 + 646.2 \right] \times 0.3/2 = 310.18 \text{ kN} \cdot \text{m}$$

$$\alpha_s = \frac{M}{\alpha_1 f_c b h_0^2} = \frac{310.18 \times 10^6}{1.0 \times 9.6 \times 2\,000 \times 910^2} = 0.019\,5$$

$$\zeta = 1 - \sqrt{1 - 2\alpha_s} = 1 - \sqrt{1 - 2 \times 0.019\,5} = 0.019\,7 < 0.555 = \zeta_b$$

$$\gamma_s = 0.5 \times (1 + \sqrt{1 - 2\alpha_s}) = 0.5 \times (1 + \sqrt{1 - 2 \times 0.019\,5}) = 0.980\,5$$

故在长边方向上的配筋面积

$$A_s = \frac{M}{f_y \gamma_s h_0} = \frac{310.18 \times 10^6}{300 \times 0.980\,5 \times 910} = 1\,158.79 \text{ mm}^2$$

在基础短边方向上

$$bp_p = \frac{1\,163.17 \times 2}{2.0} = 1\,163.17 \text{ kN/m}$$

近似按照轴压来考虑

$$M = 0.5 \times 1163.17 \times (1.5 - 0.3)^2 = 837.48 \text{ kN} \cdot \text{m}$$

$$\alpha_s = \frac{M}{\alpha_1 f_c l h_0^2} = \frac{837.48 \times 10^6}{1.0 \times 9.6 \times 5\,400 \times 910^2} = 0.019\,5$$

$$\zeta = 1 - \sqrt{1 - 2\alpha_s} = 1 - \sqrt{1 - 2 \times 0.019\,5} = 0.019\,7 < 0.555 = \zeta_b$$

$$\gamma_s = 0.5 \times (1 + \sqrt{1 - 2\alpha_s}) = 0.5 \times (1 + \sqrt{1 - 2 \times 0.019\,5}) = 0.980\,5$$

故在短边方向上配筋面积

$$A_s = \frac{M}{f_y \gamma_s h_0} = \frac{837.48 \times 10^6}{300 \times 0.980\,5 \times 910} = 3\,028.70\ \text{mm}^2$$

2)N_{max} 及相应的 M

$$M = -35.44\ \text{kN} \cdot \text{m}$$

$$N_{max} = 1\,692.65\ \text{kN}$$

在基础的长边方向上,按照倒梁法计算,轴力产生的均布荷载为

$$bp_p = \frac{1692.65 \times 2}{5.4} = 626.91\ \text{kN/m}$$

相当于地基反力作用在基础上,再将弯矩叠加得到基础的弯矩图,然后结合弯矩图可计算得出剪力图。基础的弯矩图和剪力图如图 12-5 和图 12-6 所示。

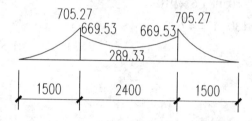

图 12-5 N_{max} 及相应 M 组合下的弯矩图

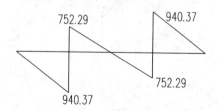

图 12-6 N_{max} 及相应 M 组合下的剪力图

由图 12-5 可知,没有正的弯矩存在,故不需要对基础的下部进行配筋。

$M_{max} = 705.27\ \text{kN} \cdot \text{m}$,将其换算到柱子的周边进行计算。

$$M = 705.27 - \left[\left(1 - \frac{0.3}{1.5}\right) \times 940.37\right] \times 0.3/2 = 592.43\ \text{kN} \cdot \text{m}$$

$$\alpha_s = \frac{M}{\alpha_1 f_c b h_0^2} = \frac{592.43 \times 10^6}{1.0 \times 9.6 \times 2\,000 \times 910^2} = 0.037\,26$$

$$\zeta = 1 - \sqrt{1 - 2\alpha_s} = 1 - \sqrt{1 - 2 \times 0.037\,26} = 0.037\,98 < 0.555 = \zeta_b$$

$$\gamma_s = 0.5 \times (1 + \sqrt{1 - 2\alpha_s}) = 0.5 \times (1 + \sqrt{1 - 2 \times 0.037\,26}) = 0.981$$

故在长边方向上配筋面积

$$A_s = \frac{M}{f_y \gamma_s h_0} = \frac{592.43 \times 10^6}{300 \times 0.981 \times 910} = 2\ 212.10\ \text{mm}^2 > 1\ 158.79\ \text{mm}^2$$

在长边方向上采用 $\phi 12@100$，$A_s = 2\ 262\ \text{mm}^2$。

在基础短边方向上

$$bp_p = \frac{1\ 692.65 \times 2}{2.0} = 1\ 692.65\ \text{kN/m}$$

近似按照轴压来考虑，

$$M = 0.5 \times 1\ 692.65 \times (1.5 - 0.3)^2 = 1\ 218.71\ \text{kN} \cdot \text{m}$$

$$\alpha_s = \frac{M}{\alpha_1 f_c l h_0^2} = \frac{1\ 218.71 \times 10^6}{1.0 \times 9.6 \times 5\ 400 \times 910^2} = 0.028\ 39$$

$$\zeta = 1 - \sqrt{1 - 2\alpha_s} = 1 - \sqrt{1 - 2 \times 0.028\ 39} = 0.028\ 80 < 0.555 = \zeta_b$$

$$\gamma_s = 0.5 \times (1 + \sqrt{1 - 2\alpha_s}) = 0.5 \times (1 + \sqrt{1 - 2 \times 0.028\ 39}) = 0.985\ 6$$

故在短边方向上配筋面积

$$A_s = \frac{M}{f_y \gamma_s h_0} = \frac{1\ 218.71 \times 10^6}{300 \times 0.985\ 6 \times 910} = 4\ 529.36\ \text{mm}^2 > 3\ 128.70\ \text{mm}^2$$

在短边方向上采用 $\phi 12@130$，$A_s = 4\ 698\ \text{mm}^2$。

第13章　电算校核与分析

利用 PK 软件对各种荷载作用下的框架内力进行了计算,并与手算结果进行对比分析。

总体来说还是存在着一定的差距。活载、左边风及恒载作用下,电算较之于手算,结果偏大一些。

分析其原因,首先两者在计算方法上面存在一些差异。在电算的时候,活荷载一般取最不利布置;而在手算时为了方便,没有考虑活荷载的最不利布置,采用的是满布布置;且电算的安全系数一般比手算的高,这样就使得电算的结果比手算的大。产生偏差的另外一个原因是在手算的时候,1 层柱与 2~7 层柱有偏心,手算内力时简化了层间的影响,从而带来偏差,因此手算的底层弯矩比电算的底层弯矩普遍小一些。

电算结果如图 13-1 至图 13-8 所示。

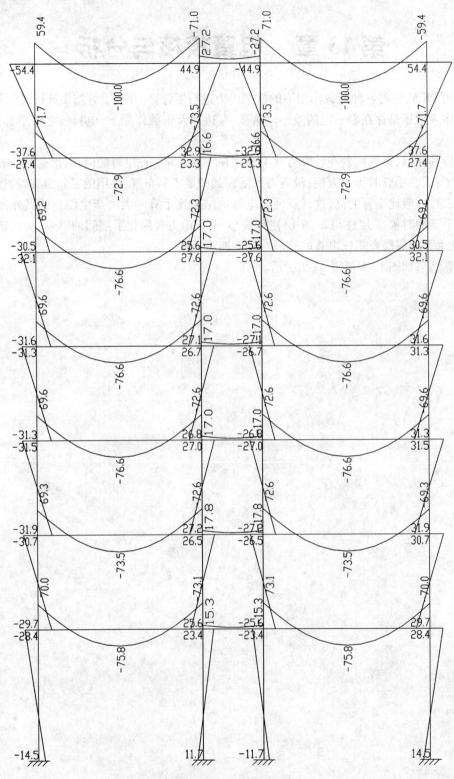

图 13-1　恒载弯矩图 (kN·m)

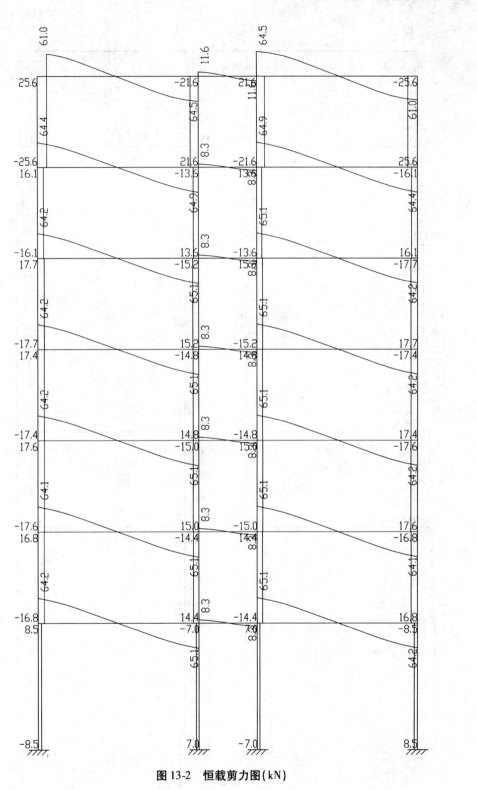

图 13-2　恒载剪力图(kN)

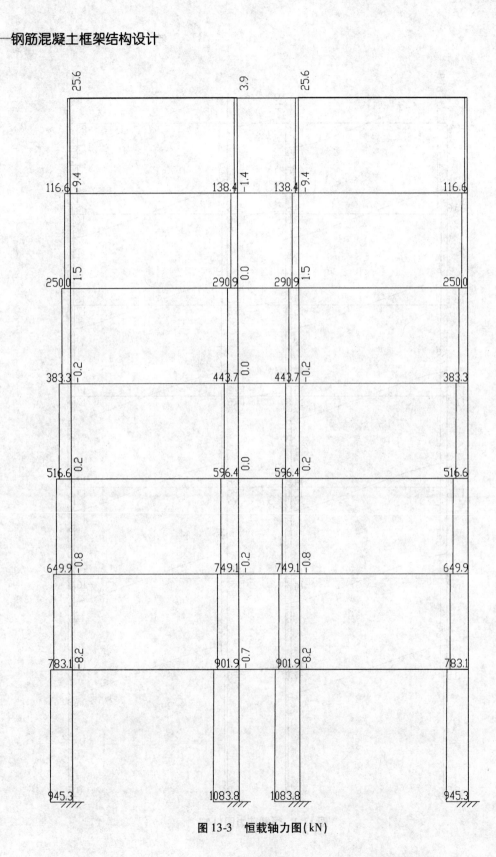

图 13-3　恒载轴力图(kN)

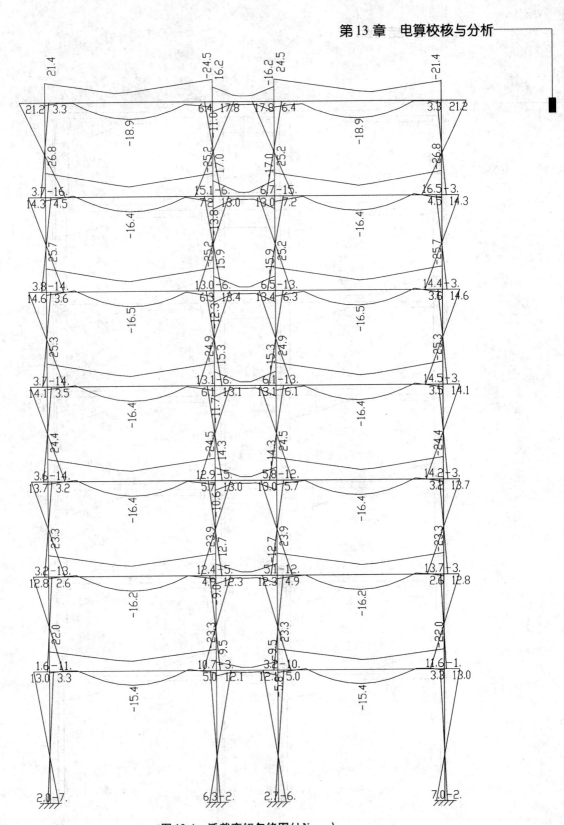

图 13-4　活载弯矩包络图(kN·m)

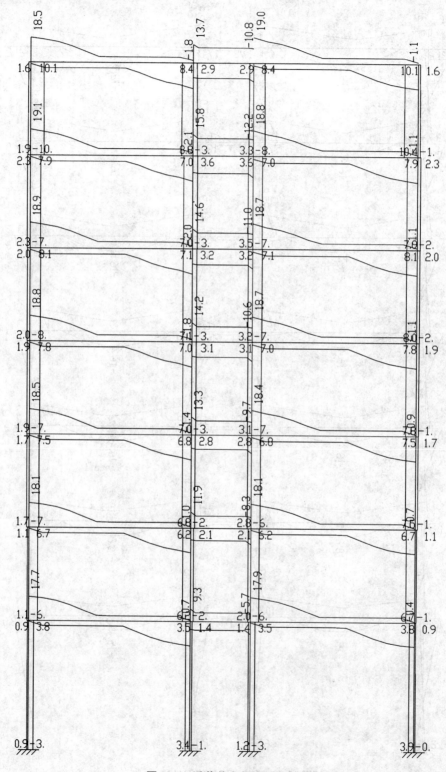

图 13-5　活载剪力包络图(kN)

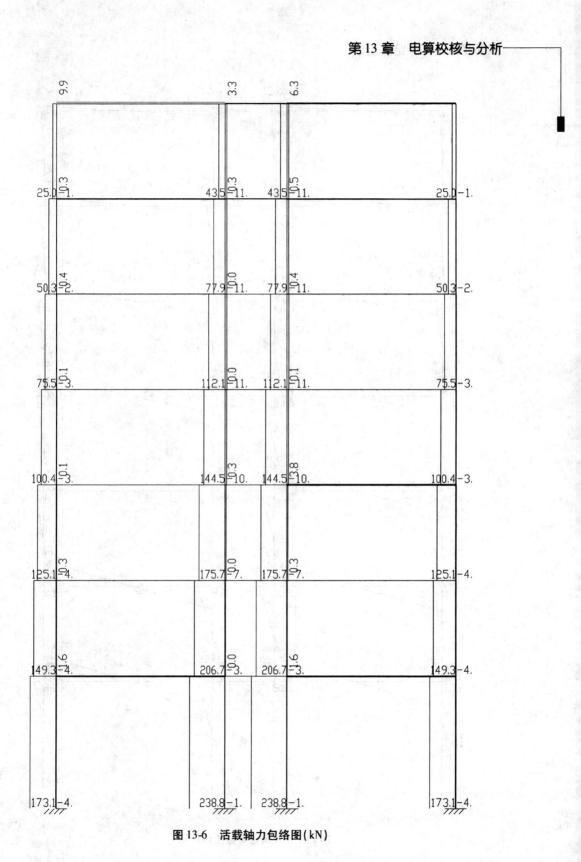

图 13-6　活载轴力包络图(kN)

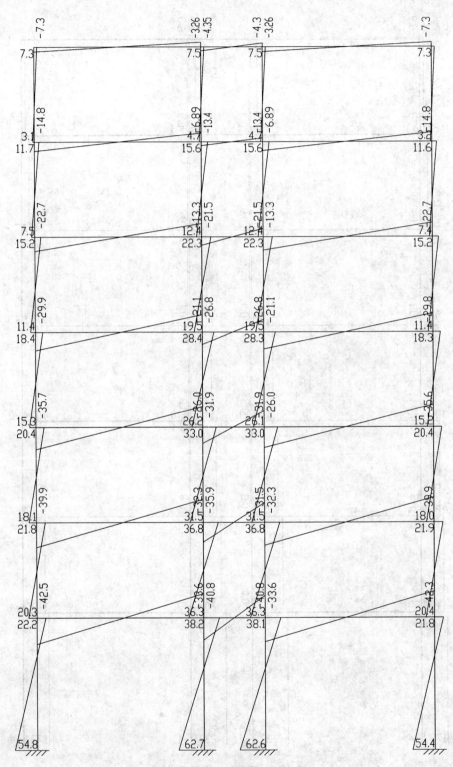

图 13-7　左风载弯矩图(kN·m)

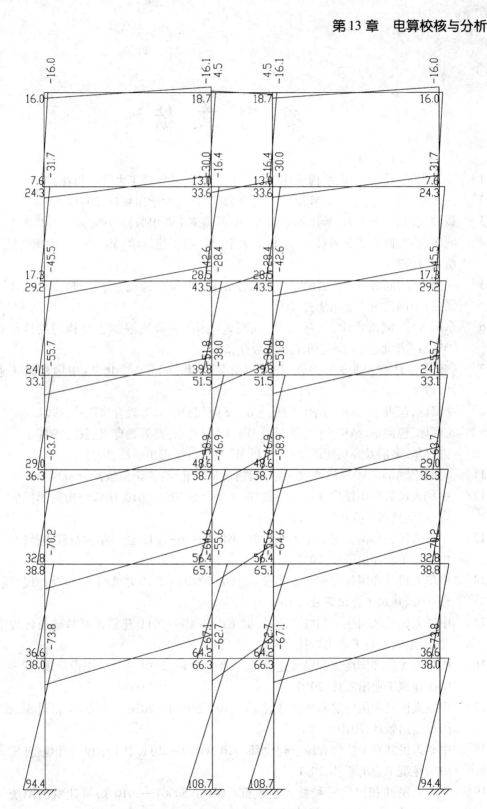

图 13-8 左地震弯矩图(kN·m)

参 考 文 献

[1] 丰定国,王社良. 抗震结构设计[M]. 2版. 武汉:武汉理工大学出版社,2004.
[2] 吕西林. 高层建筑结构[M]. 2版. 武汉:武汉理工大学出版社,2003.
[3] 杨位洸. 地基及基础[M]. 3版. 北京:中国建筑工业出版社,1998.
[4] 同济大学,西安建筑科技大学,东南大学,等. 房屋建筑学[M]. 北京:中国建筑工业出版社,1997.
[5] 东南大学,同济大学,天津大学. 混凝土结构(上册):混凝土结构设计原理[M]. 4版. 北京:中国建筑工业出版社,2008.
[6] 东南大学,同济大学,天津大学. 混凝土结构(中册):混凝土结构与砌体结构设计[M]. 4版. 北京:中国建筑工业出版社,2008.
[7] 《建筑设计资料集》编委会. 建筑设计资料集(8)[M]. 北京:中国建筑工业出版社,1996.
[8] 龙驭球,包世华. 结构力学(上册)[M]. 2版. 北京:高等教育出版社,1994.
[9] 龙驭球,包世华. 结构力学(下册)[M]. 2版. 北京:高等教育出版社,1994.
[10] 方鄂华. 多层及高层建筑结构设计[M]. 北京:地震出版社,1992.
[11] 冯晓宁. AutoCAD2000中文版绘图教程[M]. 北京:科学出版社,2000.
[12] 中华人民共和国住房和城乡建设部. GB/T 50105—2010 建筑结构制图标准[S]. 北京:中国建筑工业出版社,2010.
[13] 中华人民共和国住房和城乡建设部. GB 50009—2012 建筑结构荷载规范[S]. 北京:中国建筑工业出版社,2012.
[14] 中华人民共和国住房和城乡建设部. GB 50010—2010 混凝土结构设计规范[S]. 北京:中国建筑工业出版社,2010.
[15] 中华人民共和国住房和城乡建设部. GB 50007—2011 建筑地基基础设计规范[S]. 北京:中国建筑工业出版社,2011.
[16] 中华人民共和国住房和城乡建设部. GB 50011—2010 建筑抗震设计规范[S]. 北京:中国建筑工业出版社,2010.
[17] 中华人民共和国住房和城乡建设部. GB/T 50104—2010 建筑制图标准[S]. 北京:中国计划出版社,2010.
[18] 中华人民共和国住房和城乡建设部. GB 50099—2011 中小学校设计规范[S]. 北京:中国建筑工业出版社,2011.
[19] 中华人民共和国住房和城乡建设部. GB/T 50001—2010 房屋建筑制图统一标准[S]. 北京:中国计划出版社,2010.